U0213180

广东农业野生植物编目

Inventory of Agricultural Wild Plants in Guangdong Province

王发国　孙　岩　罗世孝　主编

中国农业出版社

北　京

图书在版编目（CIP）数据

广东农业野生植物编目 / 王发国，孙岩，罗世孝主编. —北京：中国农业出版社，2022.8
ISBN 978-7-109-29773-9

Ⅰ.①广… Ⅱ.①王… ②孙… ③罗… Ⅲ.①野生植物－植物资源－编目－广东 Ⅳ.①Q948.526.5

中国版本图书馆 CIP 数据核字（2022）第 140955 号

广东农业野生植物编目

GUANGDONG NONGYE YESHENG ZHIWU BIANMU

中国农业出版社出版

地址：北京市朝阳区麦子店街 18 号楼

邮编：100125

责任编辑：郭银巧 文字编辑：张田萌

版式设计：杨 婧 责任校对：吴丽婷

印刷：北京通州皇家印刷厂

版次：2022 年 8 月第 1 版

印次：2022 年 8 月北京第 1 次印刷

发行：新华书店北京发行所

开本：787mm×1092mm 1/16

印张：12 插页：6

字数：280 千字

定价：98.00 元

● 内 容 简 介

　　广东省自然条件良好，拥有丰富的农业野生植物资源。本书共收录广东省分布的粮食类植物 3 科 9 属 23 种（包括种下分类群）、果树类植物 30 科 45 属 165 种、蔬菜类植物 41 科 68 属 81 种、饲用及绿肥类植物 15 科 54 属 94 种、经济类植物（桑类、纤维类、染料类、橡胶类、油料类、调料类）21 科 29 属 49 种、蜜源植物 30 科 38 属 64 种、药用植物 66 科 111 属 131 种、花卉类植物 95 科 218 属 351 种，合计 958 种。部分代表性植物附彩色图片。其中，收录归农业农村主管部门分工管理的国家重点保护野生植物 25 种。植物物种信息主要包括习性、产地、生境、分布、主要用途等资料，可供科研、教育、生态建设、园艺、环保等领域的工作者及植物爱好者查阅，为引种、利用和保护提供有益的参考。

●● 项 目 资 助

广东省农业环保与农村能源总站项目

农业生物多样性调查与保护技术体系构建（0835－210Z32104471）

广东省农业野生植物资源和农业外来入侵生物调研（GDNYHB2021001）

广东省农业农村厅项目

广东省农业野生植物资源调查、收集与评价（2020KJ267）

编 委 会 •••

农业野生植物是指所有与农业生产和人类生活密切相关的野生植物，又称为作物野生近缘植物（杨庆文等，2013），不仅包括可以直接利用的野生植物，如采摘果实用于工业原料或者药用的野生植物，还包括与作物也就是栽培植物有关的野生近缘植物，如野生稻、野生大豆和小麦野生近缘植物等。当今人类种植的作物都是由其野生祖先经人工选择和自然选择进化而来，并且有些野果、野菜仍是时尚食品和保健食品。农业植物多样性保护既关系到保障农产品供给安全，直接或间接地为人类提供食物原料、营养物质和药物，对自然环境保护也起着重要的作用。农业野生植物种质资源更是进行作物新品种选育、从事农业生产和实现现代种业科技发展的物质基础（郭盛等，2018），对农业育种具有极其重要的利用价值，是抗病虫、抗逆性、高产、营养高效等关键农艺性状的重要基因库，是保障粮食安全、建设生态文明、支撑农业可持续发展的战略性资源（王成汉，2012；卢新雄等，2019）。

中国农业野生植物十分丰富，据统计约 10 000 种，分为四大类 22 个类群。四大类包括食用植物、工业用植物、药用植物和环保植物。其中，食用植物包括粮食类、油料类、糖类、果类、菜类、饮料类、牧草类和饲料类，共 4 000 多种；工业用植物包括纤维类、橡胶类、塑胶类、芳香油类、工业油类、鞣质类、色素类、编织类等，大约 3 400 种；药用植物包括医药、兽药、土农药等，大约 5 700 种；环保植物包括观赏植物、环保指示植物、固沙防沙植物、固氮植物等，共约有 660 种（刘旭和董玉琛，1998；郑殿升和杨庆文，2004）。随着经济技术的不断发展，农业野生植物或作物的用途也不断扩展；按农艺学和用途，作物可分为八大类，即粮食作物、经济作物、蔬菜、果树、饲用和绿肥作物、花卉、药用作物、林木等（郑殿升等，2011；刘旭等，2013）。

刘旭等（2008）从利用类型上认为中国粮食和农业植物不仅有粮食作物、经济作物、饲草绿肥、果树、蔬菜、花卉，还包括蜜源、杂草、有毒植物等类型，并探明了我国与粮食和农业密切相关的植物物种（不包括林木和药用植物）共 9 631 种，其中栽培植物及其野生近缘植物（即作物种质资源）有 3 269 种，采集与放牧植物有 4 144 种，田间杂草与有毒植物有 2 218 种。随后，刘旭等（2013）出版了《中国作物及其野生近缘植物·名录卷》，书中收录了中国与人类生产生活密切相关的栽培植物及其野生近缘植物 10 446 种（含种下分类群），按用途分为 12 类，包括粮食作物类、经济作物类、蔬菜类、果树类、饲用及绿肥类、观赏植物类、林木类、蜜源植物类、药用植物类、有毒植物类、杂草类和生态防护类。

我国植物遗传资源丰富，是水稻、大豆等重要农作物的起源地，也是野生或栽培果树的主要起源中心，为国家和世界的农业发展作出了很大贡献。如我国袁隆平等通过对海南三亚南红农场某沼泽地一株雄性不育野生稻的研究，培育出杂交水稻品种，使我国的水稻产量由每 667 米^2 产约 300 千克上升到 900 千克以上，解决了粮食不足问题（欧连花，2016；张德咏，2022）。美国利用来自中国的"北京小黑豆"，将其抗病基因转育到当地栽培的大豆中，育成新的高产抗病品种，使遭受大豆孢囊线虫病的大豆产业迅速复苏（袁翠平等，2009）。

一直以来，国家非常重视野生植物及农业野生植物资源的保护，并出台了一系列的措施和条件。国务院于 1996 年发布了《中华人民共和国野生植物保护条例》，其中第八条规定国务院农业行政主管部门主管由林业行政主管部门主管以外的全国其他野生植物的监督管理工作。农业部于 1999 年开始了农业野生植物保护规划，2002 年启动"农业野生植物保护与可持续利用"专项，对列入《国家重点保护野生植物名录》（农业部分）开展调查、收集、保护和监测，取得了一定的成效。2008 年，农业部发布《农业野生植物调查技术规范》（NY/T 1669—2008）。2017 年，农业部印发《农业资源与生态环境保护工程规划（2016—2020 年)》。然而，由于认识不够，农业野生植物资源没有得到很好的重视和有效的保护，一些农业生物被破坏，甚至有些野生生物资源流向境外，对国家经济和资源安全构成了威胁。鉴于农业野生植物资源有着极高的科研、生态及经济价值，对其进行优良资源挖掘、科学有效的保护，于生态环境的保护、经济的增长及农业的发展都有着巨大的促进作用。

我国作为世界重要的作物起源中心之一，于 1956—1957 年、1979—1983 年对农作物种质资源进行了两次大规模普查征集，抢救收集了 40 万份种质资源（董玉琛，2001）。2016—2018 年，广东省启动第三次全国农作物种质资源普查与收集行动，在对92 个县（市、区）普查的基础上，共获得 6 873 份农作物种质资源。结果表明：广东省拥有丰富的粮食作物、蔬菜作物、果树作物和经济作物，调查获得的资源分属 83 科 192属 283 种；粮食作物的食用豆、蔬菜的根茎类、果树的木本常绿果树、经济作物的糖茶桑烟占了资源总份数的 52.1%。份数较多的种有大豆（**Glycine max** *）、稻 （**Oryza sativa**）、豇豆（**Vigna unguiculata**）、甘薯（**Dioscorea esculenta**）、落花生（**Arachis hypogaea**）、芋（**Colocasia esculenta**）、茶（**Camellia sinensis**）、丝瓜（**Luffa aegyptiaca**）、姜（**Zingiber officinale**）、赤小豆（**Vigna umbellata**）、南瓜（**Cucurbita moschata**）、蒜（**Allium sativum**）、番木瓜（**Carica papaya**）、芥菜（**Brassica juncea**）、荔枝（**Litchi**

---

* 本书中，属、种拉丁名（正名）统一用黑体，拉丁名（异名）统一用斜体。——编者注

chinensis），占资源总份数的49.5%。从资源地域分布上看，粤北和粤西的粮食作物、蔬菜和经济作物相对丰富，粤东的果树相对较多（吴柔贤等，2020）。然而，目前广东省农业野生生物资源现状尚不清晰，资源的利用效率不高。

广东省位于我国大陆南部，水热条件较好，境内自然生态环境多样，植被类型复杂，独特的地理位置、气候条件和浓厚的民族文化底蕴孕育了丰富的生物资源，不但保存有许多古老和特有的物种，也拥有许多重要或珍稀的农业野生植物资源，如野生稻（Oryza rufipogon）、野大豆（Glycine soja）、莼菜（Brasenia schreberi）、水蕨（Ceratopteris thalictroides）、广东含笑（Michelia guangdongensis）、杜鹃叶山茶（Camellia azalea）、紫纹兜兰（Paphiopedilum purpuratum）及石斛属（Dendrobium）、猕猴桃科的一些种类。随着城镇化、工业化进程加速，受气候变化、环境污染、土地经营方式变化、外来物种入侵、病虫害等因素影响，广东省野生农业生物资源地方品种和野生种等特有种质资源退化或丧失严重，部分种类消失的风险加大。广东省境内野生稻分布点已丧失近90.49%，在有野生稻分布的17个地级市中，有7个市如东莞、深圳、佛山分布的野生稻已野外灭绝（范芝兰等，2017）。中华水韭（Isoëtes sinensis）原记录韶关仁化县有分布，现可能已野外灭绝（彭少麟等，2011；王瑞江等，2019）。在多年来野外调查的基础上（叶华谷等，2006；邢福武等，2009，2011；陈红锋等，2010；王发国等，2013，2021；曾庆文等，2013），参考相关文献资料（杨爱莲，1996；唐昆，2006；周琳洁等，2010；刘旭等，2013；国家药典委员会，2015；徐晔春等，2017；罗卓雅等，2018；蒋尤泉等，2007），本书共收录8类广东农业野生植物。其中，花卉类植物主要参考《中国景观植物》《华南乡土树种与应用》《东莞园林植物》《南昆山野生观赏花卉》等，除收录草本花卉外，也包括部分木本花卉；药用植物主要参考《中华人民共和国药典》《广东省中药材标准》等；各物种的用途还参考了《中国植物志》《全国中草药汇编》《华南药用植物》《中国野生果树》《中国绿肥》《中国蜜粉源植物及其利用》等。不同类别之间，大部分植物有多种功能，因此，这些类别是以植物的主要功能进行归类和统计。

本书共收录粮食类植物3科9属23种（包括种下分类群）、果树类植物30科45属165种、蔬菜类植物41科68属81种、饲用及绿肥类植物15科54属94种、经济类植物（桑类、纤维类、染料类、橡胶类、油料类、调料类）21科29属49种、蜜源植物30科38属64种、药用植物66科111属131种、花卉类植物95科218属351种，合计958种。其中，收录归农业农村主管部门分工管理的国家重点保护野生植物包括水蕨、焕镛水蕨（Ceratopteris chunii）、短萼黄连（Coptis chinensis var. brevisepala）、莼菜、金荞麦（Fagopyrum dibotrys）、中华猕猴桃（Actinidia chinensis）、金花猕猴桃（Actinidia chrysantha）、虎颜花（Tigridiopalma magnifica）、野大豆、短绒野大豆（Glycine tomentella）、烟豆（Glycine tabacina）、长穗桑（Morus wittiorum)、山橘（**Fortunella hindsii**）、珊瑚菜（**Glehnia littoralis**）、七叶一枝花（**Paris polyphylla**）、华重楼（**Paris polyphylla** var. **chinensis**）、密花石斛（**Dendrobium densiflorum**）、聚石斛（**Dendrobium lindleyi**）、美花石斛（**Dendrobium loddigesii**）、细茎石斛（**Dendrobium moniliforme**）、疣粒稻（**Oryza meyeriana** subsp. **granulata**）、药用稻（**Oryza officinalis**）、野生稻、拟高粱（**Sorghum propinquum**）、中华结缕草（**Zoysia sinica**）。

　　各类农业野生植物资源中，科的系统排列依次为：石松类和蕨类植物按秦仁昌系统（1978），并参考《中国蕨类植物科属志》所作的修订；裸子植物按郑万钧系统（1975）；被子植物按哈钦松（Hutchinson）系统（1926，1934）。科内属种则按拉丁名字母顺序排列。植物物种信息主要包括习性、产地、生境、分布、主要用途等资料，可供科研、教育、生态建设、园艺、环保等领域的工作者及植物爱好者查阅，为引种、利用和保护提供有益的参考。由于时间有限，本书不足之处在所难免，切望读者批评指正。

编　者

2021 年 12 月

目　录

---

* 科名前面的数字与字母为植物系统科的排列编码。下同——编者注

四、饲用及绿肥类植物 / 47

被子植物 / 47

五、经济类植物 / 62

被子植物 / 62

八、花卉类植物 / 113

石松类和蕨类植物 / 113

裸子植物 / 116

被子植物 / 119

目　录

一、粮食类植物

—被子植物—

57. 蓼科 Polygonaceae

▶ **荞麦属 Fagopyrum Mill.**

金荞麦（土荞麦、野荞麦、苦荞头）**Fagopyrum dibotrys**（D. Don）Hara

草本。花期 7～9 月，果期 8～10 月。产于广东乐昌、乳源、连州、连山、连南、南雄、始兴、仁化、英德、阳山、翁源、新丰、连平、和平、龙门。生于山谷湿地、山坡低处或灌丛。分布于中国华南、华中、华东、西南和陕西。印度、尼泊尔、越南、泰国等地也有分布。

含有丰富的膳食纤维、不饱和脂肪酸、氨基酸、维生素等，可食用是栽培荞麦的野生近缘种（王瑞江等，2019；侯振平等，2021）。为中药材金荞麦的来源植物；块根供药用，可清热解毒、排脓祛瘀、活血散淤、健脾利湿。国家二级重点保护野生植物。

148. 蝶形花科 Papilionaceae

▶ **木豆属 Cajanus DC.**

木豆 Cajanus cajan（L.）Millsp.

直立灌木。花果期 2～11 月。广东南雄、阳山、翁源、惠阳、紫金、博罗、广州、中山、高要、新会、台山、怀集、德庆、云浮、信宜、阳春、徐闻有栽培，或逸为野生。生于海拔 100～900 米的山坡、路旁。分布于中国广西、海南、云南、四川、江西、湖南、浙江、福建、台湾、江苏。原产地或为印度，现世界上热带和亚热带地区普遍有栽培。

种子可作为粮食和菜肴食用，在印度常作包点馅料，被称为豆蓉。叶可用作家畜饲料、绿肥。根入药能清热解毒，治风湿痹痛、跌打损伤。亦为紫胶虫的优良寄主植物。

▶ **大豆属 Glycine Willd.**

野大豆 Glycine soja Siebold et Zucc.

草本。花期 7～8 月，果期 8～10 月。产于广东乳源、乐昌、始兴、连州、广州。生于海拔 400 米以下潮湿的田边、园边、沟旁、河岸、矮灌丛中。除新疆、青海和海南外，遍布全国。俄罗斯远东地区及朝鲜、日本也有分布。

与大豆是近缘种，具有许多优良性状，如耐盐碱、抗寒、抗病等。全株为家畜喜食的饲料，可栽作牧草、绿肥和水土保持植物。茎皮纤维可织麻袋。种子含有丰富的蛋白质和油脂，供食用及制作酱、酱油、豆腐等，又可榨油。种子及根、茎、叶均可入药，有补气血、强壮、利尿等功效。国家二级重点保护野生植物。

短绒野大豆 Glycine tomentella Hayata

草本。花期 7～8 月，果期 9～10 月。产于广东陆丰、惠来。生于沿海岛屿干旱坡地、平地或荒坡草地上。分布于中国台湾、福建。澳大利亚、菲律宾、巴布亚新几内亚也有分布。

与大豆是近缘种，可作育种材料。种子可榨油。植株能固沙、防止土壤流失，也可作牧草。国家二级重点保护野生植物。

332B. 禾亚科 Agrostidoideae

▶**燕麦属** Avena L.

野燕麦 Avena fatua L.

草本。花果期 4～9 月。产于广东乐昌、高要等地。生于田野或为田间杂草。广布于我国南北各省份。也分布于欧、亚、非洲的温寒带地区，北美也有分布。

除作为粮食的代用品及牛、马的青饲料外，常为小麦田间杂草。可作造纸原料。印第安人食用其种子。全草可以入药，有收敛止血、固表止汗之功效。

光稃野燕麦 Avena fatua L. var. **glabrata** Peterm.

草本。产于广东深圳、广州。生于山坡草地、旷野、路旁及农田中。分布于中国南北各省份。欧洲及温暖的亚洲和北非也有分布。

全草可以入药，有收敛止血之功效。

光轴野燕麦 Avena fatua L. var. **mollis** Keng

草本。产于广东乐昌。生于农田中或路边。分布于中国陕西、湖北、湖南、安徽、江苏、四川等。

燕麦 Avena sativa L.

草本。产于广东乐昌。生于农田中或路边。分布于中国东北、华北、西北、西南和华中及广西等，常为栽培。

谷粒供磨面食用，或作为饲料，营养价值高。

▶**披碱草属** Elymus L. （*Roegneria* K. Koch）

柯孟披碱草（鹅观草）**Elymus kamoji**（Ohwi）S. L. Chen（*Roegneria kamoji* Ohwi）

越年生、簇生草本。花果期 5～7 月。产于广东乳源、南雄、英德、阳春、龙川等地。常生于湿地或草坡。除青海、西藏外，分布几遍全国。越南也有分布。

除作为粮食类植物外，还可用作牲畜的饲料，其叶质柔软而繁盛，产草量大，蛋白质含量高，可食性高。

▶**稻属** Oryza L.

疣粒稻 Oryza meyeriana（Zoll. et Moritzi）Baill. subsp. **granulata**（Nees et Arn. ex G. Watt）Tateoka（*O. granulata* Nees et Arn. ex Hook. f.）

多年生草本。花果期 10 月至翌年 2 月。产于广东徐闻、雷州。生于丘陵山坡中下部的冲积地和沟边。分布于中国海南、广西、云南。印度、缅甸、泰国、印度尼西亚、马来西亚也有分布。

具有多项抗病虫害功能，如对白叶枯病免疫，对稻瘟病、细菌性条斑病等有良好抗性，而且抗旱、耐盐碱和耐阴，可用于栽培品种的基因改良（严成其等，2020）。国家二级重点保护野生植物。

药用稻 Oryza officinalis Wall. ex G. Watt

多年生草本。产于广东高要、徐闻、雷州。生于丘陵、疏林中湿润处。分布于中国海南、广西、云南。印度、缅甸、泰国、印度尼西亚也有分布。

具有大穗、宽叶、粗茎秆等性状，有各种抗性、耐受不良环境等优异性状，可为栽培稻遗传改良提供育种材料（杨雅云等，2019）。国家二级重点保护野生植物。

野生稻 Oryza rufipogon Griff.

多年生水生草本。花期4～5月，果期10～11月。产于广东博罗、增城、紫金、高州。生于池塘、溪沟、稻田、沼泽等湿地。分布于中国海南、广西、云南、台湾。印度、缅甸、泰国、马来西亚也有分布。

为亚洲栽培稻的近缘祖先种，是优良的种质资源，具有很高的研究、开发与利用价值。国家二级重点保护野生植物。

▶ **黍属 Panicum** L.

南亚稷（矮黍）**Panicum humile** Nees ex Steudel（*P. walens* Mez）

草本。花果期8～12月。产于广东连州、英德、广州、高要、德庆等地。生于旷野、田间。分布于中国海南、广西、福建、台湾、西藏。马来西亚、印度、斯里兰卡、西非等地也有分布。

藤竹草（藤叶黍）**Panicum incomtum** Trin.

草本。花果期7月至翌年3月。产于广东乐昌、始兴、珠海、台山、封开、怀集等地。生于林地草丛中、沟边。分布于中国海南、广西、江西、福建、台湾、云南等地。印度、马来西亚、菲律宾、印度尼西亚等也有分布。

可用于编制。可作为地被植物。

大罗湾草（大罗网草）**Panicum luzonense** J. Presl（*P. cambogiense* Balansa）

草本。花果期8～10月。产于广东广州。生于旷野、田间或林缘。分布于中国台湾、广西。印度、斯里兰卡、缅甸、柬埔寨、菲律宾、印度尼西亚也有分布。

心叶稷（山黍）**Panicum notatum** Retz.

草本。花果期5～11月。产于广东河源、惠东、博罗、广州、高要、阳春、徐闻等地。生于林缘、旷野。分布于中国海南、广西、福建、台湾、云南、西藏。菲律宾、印度尼西亚也有分布。

全草药用，可清热、生津。

发枝稷 Panicum trichoides Sw.

草本。花果期9～12月。《中国植物志》记载广东有分布。生于荒野或路旁。分布于中国海南。亚洲热带地区、北美也有分布。

▶**狗尾草属 Setaria P. Beauv.**

棕叶狗尾草 Setaria palmifolia（Koen.）Stapf

草本。花果期 8～12 月。产于广东始兴、阳山、英德、南澳、博罗、广州、深圳、珠海及粤西等地。生于山坡或谷地林下阴湿处。分布于中国广西、浙江、江西、福建、台湾、湖北、湖南、贵州、四川、云南、西藏等地。原产非洲，大洋洲、美洲和亚洲的热带和亚热带地区广泛分布。

颖果含丰富淀粉，可供食用。以根入药，主治脱肛、子宫下垂。

皱叶狗尾草 Setaria plicata（Lam.）T. Cooke

草本。花果期 6～10 月。产于广东乐昌、连州、阳山、英德、惠东、博罗、广州、深圳、高要、封开、阳春等地。生于山坡林下、沟谷地、灌丛或路边杂草地。分布于中国广西、江苏、浙江、安徽、江西、福建、台湾、湖北、湖南、四川、贵州、云南等地。印度、尼泊尔、斯里兰卡、日本南部及马来群岛也有分布。

果实成熟时，可供食用。药用可治疥癣、丹毒、疮疡。

金色狗尾草 Setaria pumila（Poir.）Roem. et Schult.［*S. glauca*（L.）Beauv.］

草本。花果期 6～10 月。产于广东乐昌、连南、连山、阳山、英德、龙门、五华、和平、惠阳、惠东、深圳、博罗、广州、高要、封开、郁南、阳春。生于林缘、山坡、路边和荒芜园地。全国各地均有分布。分布于欧亚大陆的温暖地带，美洲、澳大利亚等也有引入。

草叶量大，草质柔嫩，可作牲畜的饲料，还可调制干草或青贮。药用可清热、明目、止泻，主治目赤肿痛、眼睑炎、赤白痢疾。

狗尾草 Setaria viridis（L.）P. Beauv.

草本。花果期 5～10 月。产于广东乐昌、始兴、南雄、深圳、广州、高要、阳春等地。生于荒野、林缘、田野、道旁，为旱地作物常见的一种杂草。分布于全国各地。原产欧亚大陆的温带和暖温带地区，现广布于全世界的温带和亚热带地区。

小穗可提炼糠醛，全草含粗脂肪、粗蛋白、粗纤维等。秆、叶可作为饲料。药用可治痈瘀、面癣。

▶**高粱属 Sorghum Moench**

光高粱 Sorghum nitidum（Vahl.）Pers.

草本。花果期夏秋季。产于广东乐昌、连州、阳山、南澳、紫金、惠东、广州、阳春等地。生于向阳山坡草丛中，海拔 300～1 400 米。分布于中国广西、江苏、安徽、浙江、江西、福建、台湾、湖北、湖南、云南、山东。印度、斯里兰卡、中南半岛、日本、菲律宾及大洋洲也有分布。

种子含淀粉，可磨粉或酿酒。叶可作家畜饲料。

拟高粱 Sorghum propinquum（Kunth）Hitchc.

草本。花果期夏秋季。产于广东乐昌、仁化、广州等地。生于河旁、坡地湿润处。分布于中国香港、广西、福建、台湾。南亚和东南亚地区也有分布。

为优良的野生遗传资源。是一种优质牧草，可作为牛羊的饲料（王瑞江等，2019）。国家二级重点保护野生植物。

二、果树类植物

—被子植物—

3. 五味子科 Schisandraceae

▶ **南五味子属 Kadsura** Kaempf. ex Juss.

黑老虎 Kadsura coccinea（Lem.）A. C. Smith

藤本。花期4～7月，果期7～11月。广东各山区县有产。生于海拔500～1 500米的山坡、林中。分布于中国华南及江西、湖南、四川、贵州、云南。越南也有分布。

果成熟后味甜，可食。根和叶药用，能行气活血、消肿止痛、清热解毒、祛风活络，治胃病、慢性胃炎、风湿骨痛、跌打肿痛，并为妇科常用药。已在南岭一带开展人工种植。

8. 番荔枝科 Annonaceae

▶ **暗罗属 Polyalthia** Blume

细基丸 Polyalthia cerasoides（Roxb.）Benth. et Hook. f. ex Bedd.

乔木。花期3～5月，果期4～10月。产于广东徐闻、雷州、廉江。生于低海拔的山地林中。分布于中国海南、广西、云南。东南亚至南亚也有分布。

果熟后可食。茎皮含单宁，纤维坚韧，可制麻绳和麻袋等。木材坚硬，适于作农具和建筑用材。

暗罗 Polyalthia suberosa（Roxb.）Thw.

小乔木。花期几乎全年，果期6月至翌年春季。产于广东廉江、雷州、徐闻。生于低海拔的山地林中、灌丛。分布于中国海南、广西。东南亚至南亚也有分布。

可用于包装箱、家具框架、胶合板、火柴杆、室内装饰等。根可药用，治气滞腹痛、胃疼、痛经、梅核气。

21. 木通科 Lardizabalaceae

▶ **木通属 Akebia** Decne.

木通 Akebia quinata（Houtt.）Decne

落叶木质藤本。花期4～5月，果期6～8月。生于海拔300～1 500米的山地灌丛、林缘和沟谷中。产于广东乐昌、乳源、连州、英德、曲江、阳春。分布于中国长江流域各省份。日本和朝鲜也有分布。

果熟后味甜可食。种子榨油，可制肥皂。茎、根和果实可药用。

白木通 Akebia trifoliata（Thunb.）Koidz. subsp. **australis**（Diels）T. Shimizu［*Akebia trifoliata*（Thunb.）Koidz. var. *australis*（Diels）Rehd.］

藤本。花期 4～5 月，果期 6～9 月。产于广东乐昌、乳源、连州、连山、连南、南雄、始兴、仁化、英德、阳山等地。生于海拔 300～1 500 米的山谷疏林或灌丛中。分布于中国长江以南各省份及河南、山西。

果熟后可食，也可药用。为中药预知子的来源植物；根、茎和果均可入药，有利尿、通乳、舒筋活络之功效。

▶**野木瓜属 Stauntonia** DC.

野木瓜（牛芽标、山芭蕉、沙引藤）**Stauntonia chinensis** DC.

木质藤本。花期 3～4 月，果期 6～10 月。产于广东乐昌、乳源、阳山、英德、平远、和平、惠阳、惠东、深圳、高要、珠海、信宜、封开等地。生于山地林中。分布于中国广西、福建、湖南、云南。

果熟后可食用。全株药用，为中药野木瓜的来源植物，有舒筋活络、镇痛排脓、解热利尿、通经导湿的作用，对三叉神经痛、坐骨神经痛有较好的疗效。

84. 山龙眼科 Proteaceae

▶**山龙眼属 Helicia** Lour.

小果山龙眼 Helicia cochinchinensis Lour.

灌木或乔木。花期 6～10 月，果期 11 月至翌年 3 月。广东大部分山区县有产。生于山地林中。分布于中国广西、云南、江西。越南北部、日本也有分布。

种子可榨油，供制肥皂等。

海南山龙眼 Helicia hainanensis Hayata

灌木或小乔木。花期 4～8 月，果期 11 月至翌年 3 月。产于广东信宜。生于山地林中。分布于中国海南、广西、云南。越南也有分布。

种皮可作染料的原料。木材可作小建筑用材、脚手架木或农具。

广东山龙眼 Helicia kwangtungensis W. T. Wang

乔木。花期 6～7 月，果期 10～12 月。产于广东乳源、连州、连山、连南、阳山、始兴、从化、河源、博罗、梅州、深圳、肇庆、云浮、信宜。生于山地林中。分布于中国广西、福建、湖南、江西。

种子煮熟，经漂浸 1～2 天后，可食用。木材灰白色，适宜做小农具。

倒卵叶山龙眼 Helicia obovatifolia Merr. et Chun

乔木。花期 7～8 月，果期 10～11 月。产于广东信宜、阳春、云浮。生于山地林中。分布于中国广西。越南北部也有分布。

网脉山龙眼 Helicia reticulata W. T. Wang

乔木。花期 5～7 月，果期 10～12 月。广东各山区县有产。生于山地林中。分布于中国东南至西南各省份。

种子煮熟，经漂浸 1～2 天后，可食用。木材坚韧，淡黄色，适宜做农具。也是蜜源植物。

93. 大风子科 Flacourtiaceae

▶刺篱木属 Flacourtia Comm. ex L′Hér.

刺篱木 Flacourtia indica（Burm. f.）Merr.

小乔木或灌木。花期春季，果期夏秋季。产于广东徐闻、雷州。生于低海拔的旷野、灌丛。分布于中国海南。热带非洲、亚洲也有分布。

浆果味甜，熟后可以生食、蜜饯及酿造。木材坚实，可制家具、器具等，也可作绿篱和沿海地区防护林的优良树种。

大叶刺篱木 Flacourtia rukam Zoll. et Mor.

乔木。花期4～5月，果期6～10月。产于广东博罗（罗浮山）、肇庆、信宜、阳春、新兴、茂名。生于山谷林中。分布于中国华南地区。马来西亚至菲律宾也有分布。

果可制果酱和蜜饯。木材质坚重，结构细密，可作建筑用材，也可制家具等。

103. 葫芦科 Cucurbitaceae

▶罗汉果属 Siraitia Merr.

罗汉果 Siraitia grosvenorii（Swingle）C. Jeffrey ex A. M. Lu et Z. Y. Zhang

草质藤本。花期5～7月，果期7～9月。广东乳源、连山、南雄、始兴、曲江、新丰、连平、花都、龙门、和平、五华、广州、肇庆、吴川、信宜、雷州、遂溪、廉江、徐闻等地有栽培或野生。生于山谷林中较阴湿处。分布于中国海南、广西、贵州、湖南、江西等省份。

罗汉果是国家首批批准的药食两用植物之一。果实营养价值很高，含丰富的维生素C，以及糖苷、果糖、葡萄糖、蛋白质等。果实入药，味甘甜，有润肺、祛痰、消渴之功效，也可作清凉饮料，煎汤代茶能润解肺燥。

112. 猕猴桃科 Actinidiaceae

▶猕猴桃属 Actinidia Lindl.

硬齿猕猴桃 Actinidia callosa Lindl.

大型落叶藤本。花期4～6月，果期9～10月。产于广东乳源、阳山、平远。生于山地疏林或灌丛中。分布于中国云南、台湾。不丹和印度也有分布。

果实熟后可食用，是一种营养丰富的水果，含多种氨基酸，钙质含量很高。根的提取物可药用。

中华猕猴桃 Actinidia chinensis Planch.

落叶藤本。花期4～6月，果期9～10月。产于广东乐昌、乳源、连州。生于海拔800～1 300米的山地疏林或灌丛中。分布于中国广西、陕西、贵州、湖北、湖南、河南、安徽、江苏、浙江、江西、福建。

果实大，成熟后可食用，维生素含量高。国家二级重点保护野生植物。

金花猕猴桃 Actinidia chrysantha C. F. Liang

落叶藤本。花期 5 月中旬，果期 11 月。产于广东乐昌、乳源、阳山、广宁。生于海拔 800～1 300 米的疏林、灌丛中。分布于中国广西、湖南。

果实较大，成熟后可食用，风味甚佳。花色金黄，可作为观赏植物。国家二级重点保护野生植物。

灰毛猕猴桃 Actinidia cinerascens C. F. Liang

半常绿藤本。花期 5 月中、下旬。产于广东乳源、英德、翁源、连平、博罗、龙门、和平、惠阳、五华、阳春、罗定等地。生于山地林缘、灌丛中。分布于中国湖南、福建等省份。

毛花猕猴桃 Actinidia eriantha Benth.

落叶藤本。花期 5 月上旬至 6 月上旬，果熟期 11 月。广东中部、东部至北部有产。生于海拔 100～1 400 米的山地林缘、溪边或灌丛中。分布于中国广西、浙江、江西、福建、湖南、贵州。

果实较大，成熟后可食用，风味甚佳。

条叶猕猴桃（华南猕猴桃）**Actinidia fortunatii** Finet et Gagnep.（*A. glaucophylla* F. Chun）

落叶或半落叶藤本。花期 4 月下旬。产于广东乐昌、乳源、仁化、连山、连南、阳山、博罗、高要、封开等地。生于海拔 1 000 米以下的山谷林缘或灌丛。分布于中国广西、湖南、贵州。

黄毛猕猴桃 Actinidia fulvicoma Hance

半常绿藤本。花期 5 月中旬至 6 月下旬，果熟期 11 月中旬。广东中部至北部有产。生于海拔 100～800 米的山地疏林或灌丛中。分布于中国湖南、江西、福建、贵州。

蒙自猕猴桃（奶果猕猴桃）**Actinidia henryi** Dunn（*A. carnosifolia* C. Y. Wu var. *glaucescens* C. F. Liang）

落叶藤本。花期 5 月上旬。产于广东乳源、乐昌、仁化、连南、高要、广宁、德庆、封开、云浮、茂名。生于海拔 500～1 100 米的山地疏林中。分布于中国广西、云南、贵州。

中越猕猴桃 Actinidia indochinensis Merr.

落叶藤本。花期 3 月下旬至 4 月上旬，果期 11 月。产于广东乳源、信宜。生于海拔 600～1 100 米的山地密林中。分布于中国广西和云南。越南也有分布。

小叶猕猴桃 Actinidia lanceolata Dunn

落叶藤本。花期 5～6 月，果期 11 月。产于广东乐昌、连州、仁化、阳山、大埔。生于海拔 200～800 米的山地疏林中。分布于中国浙江、江西、福建、湖南。

阔叶猕猴桃 Actinidia latifolia（Gardn. et Champ.）Merr.

木质大藤本。广东各山区县及上川岛、荷包岛、深圳等地有产。生于海拔 50～1 400 米的山地灌丛或疏林中。分布于中国长江以南各省份。越南、老挝、柬埔寨、马来西亚也有分布。

果肉酸甜，清香可口，营养丰富，熟后可食用，或加工为果汁及果酱。

两广猕猴桃 Actinidia liangguangensis C. F. Liang

藤本。花期 4 月下旬至 5 月，果熟期约 11 月。产于广东连山、连南。生于海拔 250～1 000 米的林中、山谷灌丛中。分布于中国广西。

大籽猕猴桃 Actinidia macrosperma C. F. Liang

落叶藤本或灌木状藤本。花期 5～6 月，果熟期 10 月。产于广东乳源。生于丘陵或低山地的丛林中或林缘。分布于中国浙江、江西、安徽、江苏、湖北。

大籽猕猴桃果成熟后可食用。叶可喂猪，根部可作杀虫农药。花繁茂，适合棚架、山石等处栽培观赏。

美丽猕猴桃 Actinidia melliana Hand. -Mazz.

半常绿藤本。花期 5～6 月。产于广东乳源、始兴、连山、英德、阳山、新丰、博罗、怀集、德庆、封开、阳春、信宜。生于海拔 1 300 米以下的山地林中、林缘。分布于中国海南、广西、湖南、江西。

118. 桃金娘科 Myrtaceae

▶ **桃金娘属** Rhodomyrtus（DC.）Rchb.

桃金娘 Rhodomyrtus tomentosa（Ait.）Hassk.

灌木。花果期 4～5 月。广东各地有产。生于丘陵、坡地、林缘或灌丛。分布于中国东南部、南部至西南部。菲律宾、日本、印度、斯里兰卡、马来西亚也有分布。

果熟后可食用，也可酿酒，是鸟类的天然食源。花期长，花多而密，浆果由鲜红色变紫黑色，为良好的亚热带园林野生花卉。可用于园林绿化，是山坡复绿、水土保持的常绿灌木。全株供药用，有活血通络、收敛止泻、补虚止血之功效。

▶ **蒲桃属** Syzygium Gaertn.

黑嘴蒲桃 Syzygium bullockii（Hance）Merr. et Perry

灌木至小乔木。花期 3～8 月。产于广东徐闻等地。常生于平地次生林。分布于中国海南、广西。越南也有分布。

果实熟后可以食用。根药用可祛风止痛、清热利湿、止血解毒。

卫矛叶蒲桃 Syzygium euonymifolium（Metcalf）Merr. et Perry

乔木。花期 5～8 月。产于广东曲江、英德、翁源、梅州、广州、信宜、肇庆、阳江、云浮、廉江。生于山地常绿阔叶林中或林缘。分布于中国广西、福建。

水竹蒲桃 Syzygium fluviatile（Hemsl.）Merr. et Perry

灌木。花期 4～7 月，果期 9～12 月。产于广东台山、阳春。生于海拔 300～800 米的山地林中、林缘。分布于中国海南、广西、湖南、贵州。

蒲桃 Syzygium jambos（L.）Alston

乔木。花期 3～4 月，果期 5～6 月或 11～12 月。产于广东清远、博罗、广州、深圳、高要、广宁、阳江、茂名。常生于河边及河谷湿地。分布于中国华南及台湾、福建、云南、贵州。中南半岛、印度尼西亚也有分布。

果实熟后可以食用。是良好的庭园绿化树。

山蒲桃 Syzygium levinei（Merr.）Merr. et Perry

灌木或小乔木。花期 6～9 月，果期翌年 2～5 月。产于广东惠阳、海丰、博罗、广州、深圳、新会、珠海、肇庆、新兴、台山、阳江、电白、化州、高州、徐闻。常生于低海拔的丘陵、坡地疏林中。分布于中国香港、海南、广西、云南。越南也有分布。

水翁蒲桃 Syzygium nervosum DC.［*Cleistocalyx operculatus*（Roxb.）Merr. et Perry］

乔木。花期 5～6 月。产于广东惠东、惠阳、博罗、广州、深圳、肇庆、台山、新兴、阳春、雷州、茂名。喜生于水边。分布于中国华南及云南。中南半岛、印度、印度尼西亚及大洋洲等地也有分布。

花及叶供药用，可治感冒。根可治黄疸性肝炎。

126. 藤黄科 Guttiferae

▶**藤黄属 Garcinia L.**

木竹子（多花山竹子）Garcinia multiflora Champ. ex Benth.

灌木或乔木。花期 6～8 月，果期 11～12 月，偶有花果并存。广东各山区县有产。生于低海拔至中海拔的山地林中或林缘。分布于中国广西、云南、湖南、江西、福建、台湾、贵州。越南北部也有分布。

果熟后可食，种子含油量高，可供制肥皂和机械润滑油。树皮入药，有消炎功效，可治各种炎症。木材暗黄色，坚硬，可供舶板、家具及工艺雕刻用材。

岭南山竹子 Garcinia oblongifolia Champ. ex Benth.

灌木或乔木。花期 4～5 月，果期 10～12 月。产于广东连山、惠东、紫金、博罗、广州、深圳、珠海、台山、肇庆、云浮、信宜、封开、阳江、高州、雷州、徐闻。生于低海拔至中海拔的山地林中或林缘。分布于中国华南地区。越南北部也有分布。

果熟后可食用，种子含油量高，可作工业用油。木材可制家具和工艺品。树皮含单宁，供提制栲胶。

128A. 杜英科 Elaeocarpaceae

▶**杜英属 Elaeocarpus L.**

披针叶杜英 Elaeocarpus lanceifolius Roxb.

乔木。花期 6～7 月。产于广东乳源、仁化、连州、连南、阳山、新丰、从化、龙门、河源、大埔、平远、丰顺、蕉岭、饶平、阳春、德庆、封开、信宜。生长于高海拔的山坡上。分布于中国云南西北部。喜马拉雅山东南麓也有分布。

果实熟后可食用，还可以泡水、泡酒，味道鲜美。

136. 大戟科 Euphorbiaceae

▶**五月茶属 Antidesma L.**

五月茶 Antidesma bunius（L.）Spreng.

乔木或灌木。花期 3～5 月，果期 6～11 月。产于广东丰顺、惠阳、博罗、广州、深圳、珠海、肇庆、阳江、云浮、茂名、雷州、徐闻。生于中低海拔的平原或山地密林中。分布于中国广西、海南、江西、福建、湖南、贵州、云南、西藏。亚洲热带地区至大洋洲也有分布。

果熟后微酸，供食用及制果酱。叶供药用，治小儿头疮；根叶可治跌打损伤。果熟时，红果累累，可观花观果，为美丽的观赏树。木材淡棕红色，纹理直至斜，材质软，适于作箱板用料。

▶ **木奶果属 Baccaurea** Lour.

木奶果 Baccaurea ramiflora Lour.

乔木。花期 3～4 月，果期 6～10 月。产于广东阳春、廉江。生长于海拔 750 米以下的山谷常绿阔叶林中。分布于中国海南、广西、云南、西藏。印度、缅甸、越南、泰国、马来西亚也有分布。

果实味道酸甜，可供食用。果实药用，有止咳平喘、解毒止痒之功效。木材可作家具和细木工用料。树形美观，可作为行道树。

▶ **叶下珠属 Phyllanthus** L.

余甘子 Phyllanthus emblica L.

落叶乔木或灌木。花期 4～6 月，果期 7～9 月。产于广东清远、惠阳、陆丰、博罗、广州、深圳、中山、珠海、肇庆、阳春、云浮、茂名、徐闻。生于海滨或低山坡地。分布于中国华南、华东、西南等地。印度、斯里兰卡、越南、印度尼西亚、马来西亚、菲律宾也有分布。

果熟后可食用。根系发达，可保持水土，可作庭园风景树。树根和叶供药用，能解热清毒，治皮炎、湿疹、风湿痛等。叶晒干供枕芯用料。种子供制肥皂。树皮、叶、幼果可提制栲胶。木材棕红褐色，坚硬，供农具和家具用材。

143. 蔷薇科 Rosaceae

▶ **樱属 Cerasus** Mill.

钟花樱桃（福建山樱花）Cerasus campanulata（Maxim.）Yü et Li

乔木或灌木。花期 2～3 月，果期 4～5 月。产于广东乐昌、乳源、仁化、曲江、连南、连山、从化、河源、兴宁、博罗、信宜。生于海拔 100～600 米的山谷林中、坡地或林缘。分布于中国广西、浙江、福建、台湾。日本、越南也有分布。

早春着花，颜色鲜艳，可栽培用作观赏植物。

襄阳山樱桃 Cerasus cyclamina（Koehne）Yü et Li

乔木。花期 4 月，果期 5～6 月。产于广东乳源。生于海拔 1 000 米左右的山地林中或林缘。分布于中国广西、湖北、湖南、四川。

果实风味优美，生食或制罐头，樱桃汁可制糖浆、糖胶及果酒。核仁可榨油，似杏仁油。

麦李 Cerasus glandulosa（Thunb.）Lois.

灌木。花期 3～4 月，果期 5～8 月。产于广东乳源、仁化、广州等地。生于海拔

500 米以上的山坡、沟边或灌丛中。分布于中国广西、湖南、陕西、河南、江苏、安徽、浙江、福建、湖北、四川、贵州、云南、山东。日本也有分布。

株形和花甚为美观，春天叶前开花，满树灿烂，宜于草坪、路边、假山旁及林缘丛栽观赏用；秋季叶变红色，是很好的庭园观赏树。

长尾毛柱樱桃 Cerasus pogonostyla （Maxim.）Yü et Li var. **obovata** （Koehne）Yü et Li

灌木或小乔木。花期 3～4 月，果期 5～6 月。产于广东乳源。生于低海拔的山谷林中或林缘。分布于中国福建、台湾、湖南。

可成片栽植，或孤植观赏。

樱桃 Cerasus pseudocerasus （Lindl.）G. Don

乔木。花期 3～4 月，果期 5～6 月。产于广东乐昌、仁化。生于海拔 200～700 米的山地林中或林缘。分布于中国河南、江苏、浙江、江西、四川、山东、辽宁、河北、陕西、甘肃等省份，栽培或逸为野生。

果供食用，也可酿樱桃酒。枝、叶、根、花也可供药用。在我国久经栽培，品种较多。

山樱花 Cerasus serrulata （Lindl.）G. Don ex London

乔木。花期 4～5 月，果期 6～7 月。产于广东乐昌。生于山谷林中。分布于中国江苏、安徽、湖南、江西、贵州、黑龙江、河北、山东等省份，野生或栽培。日本、朝鲜也有分布。

花鲜艳亮丽，枝叶繁茂旺盛，是早春重要的观花树种，常用作园林观赏植物。

▶**山楂属 Crataegus L.**

野山楂 Crataegus cuneata Siebold et Zucc.

灌木。花期 5～6 月，果期 9～11 月。产于广东乐昌、乳源、阳春。生于海拔 150～1 000 米的山坡或山谷、溪边林中。分布于中国广西、云南、河南、浙江、江苏、安徽、湖南、湖北、江西、福建、贵州。日本也有分布。

果实多肉，熟后可供生食、酿酒或制果酱，入药有健胃、消积化滞之功效。嫩叶可以代茶，茎叶煮汁可洗漆疮。

▶**蛇莓属 Duchesnea J. E. Smith.**

皱果蛇莓 Duchesnea chrysantha （Zoll. et Mor.）Miq.

草本。花期 5～7 月，果期 6～9 月。产于广东连南、英德、翁源、从化、惠阳、平远。生于海拔 60～1 000 米的山谷溪边林中或旷野。分布于中国华南及云南、陕西、湖南、福建、台湾、四川。日本、朝鲜、印度、印度尼西亚也有分布。

茎叶药用，捣烂治蛇咬、烫伤、疔疮等。

蛇莓 Duchesnea indica （Andr.）Focke

草本。花期 6～8 月，果期 8～10 月。广东各地有产。生于低海拔至中海拔的山坡、溪旁、田野草地。分布于中国辽宁以南各省份。阿富汗、日本、印度、印度尼西亚及欧洲、美洲也有分布。

果熟后可食用。全草药用，茎叶捣敷治疗疮有特效，亦可敷蛇咬伤、烫伤、烧伤。果实煎服能治支气管炎。全草水浸液可防治农业害虫、杀蛆和蚊子的幼虫等。

▶**枇杷属 Eriobotrya** Lindl.

大花枇杷 Eriobotrya cavaleriei（Lévl.）Rehd.

乔木。花期4～5月，果期7～8月。产于广东乳源、连州、连南、阳山、英德、新丰、从化、龙门、和平、梅州、平远、蕉岭、大埔、惠东、博罗、深圳、高要、封开、郁南、德庆、茂名。生于海拔300～1 500米的山谷林中或林缘。分布于中国广西、四川、江西、福建、湖北、湖南、贵州。越南也有分布。

果实味酸甜，熟后可生食，亦可酿酒。

台湾枇杷 Eriobotrya deflexa（Hemsl.）Nakai

乔木。花期5～6月，果期6～8月。产于广东乳源、从化、饶平、阳春、茂名。生于海拔50～1 000米的山谷溪边林中或林缘。分布于中国海南、广西、福建、台湾。越南也有分布。

果实味甘美，含水分多，有治愈热病之功效。

香花枇杷（山枇杷）**Eriobotrya fragrans** Champ. ex Benth.

小乔木或灌木。花期4～5月，果期8～9月。广东各地有产。生于海拔200～900米的山地林中、林缘。分布于中国广西、江西、湖南。

▶**苹果属 Malus** Mill.

三叶海棠 Malus sieboldii（Regel）Rehd.

灌木。花期4～5月，果期8～9月。产于广东乐昌、乳源、仁化、连州、连山、连南。生于海拔450～900米的林缘、山地灌丛或林中。分布于中国广西、四川、陕西、甘肃、浙江、湖北、湖南、江西、福建、贵州、辽宁、山东。日本、朝鲜也有分布。

果实熟后可食用或药用，有消食健胃之功效，常用于治疗饮食积滞。春季开花美丽，可作观赏植物。

▶**悬钩子属 Rubus** L.

腺毛莓 Rubus adenophorus Rolfe

灌木。花期4～6月，果期6～7月。产于广东乐昌、乳源、南雄、连山、连南、仁化、阳山、大埔、平远。生于海拔300～800米的山地林中、丘陵或灌丛。分布于中国广西、浙江、湖南、湖北、江西、福建、贵州。

药用可和血调气、止痛、止痢，主治痨伤疼痛、吐血、痢疾、疝气；叶外用治黄水疮。

粗叶悬钩子 Rubus alceifolius Poir.

灌木。花期7～9月，果期10～11月。广东各地有产。生于山地林中、林缘或灌丛。分布于中国广西、云南、江苏、湖南、江西、福建、台湾、贵州。日本、缅甸、印度尼西亚、菲律宾也有分布。

果熟后可食用。根和叶入药，有活血化瘀、清热止血之功效。

周毛悬钩子 Rubus amphidasys Focke ex Diels.

小灌木。花期 5~6 月，果期 7~8 月。产于广东南雄、封开。生于海拔 600~700 米的山谷林中或林缘。分布于中国广西、四川、安徽、浙江、湖北、湖南、江西、福建、贵州。

果熟后可食用。全株入药，有活血、治风湿之功效。

寒莓 Rubus buergeri Miq.

小灌木。花期 7~8 月，果期 9~10 月。产于广东乐昌、乳源、始兴、阳山、翁源、新丰、龙门、和平、大埔、平远。生于海拔 300~900 米的山地、林缘、丘陵的林中或灌丛。分布于中国广西、四川、安徽、江苏、浙江、湖南、湖北、江西、福建、台湾、贵州。

果熟后可食用及酿酒。根及全草入药，有活血、清热解毒之功效。

毛萼莓 Rubus chroosepalus Focke

灌木。花期 5~6 月，果期 7~8 月。产于广东乐昌、乳源、连州、阳山。生于海拔 300~1 000 米的山谷林中或林缘。分布于中国广西、云南、陕西、湖北、湖南、江西、福建、四川、贵州。越南也有分布。

果熟后可食用。根、茎和叶为提制栲胶的原料。

蛇泡筋 Rubus cochinchinensis Tratt.

灌木。花期 3~5 月，果期 7~8 月。产于广东徐闻、阳江、台山。生于低海拔至中海拔的山地、丘陵的林中或灌丛。分布于中国华南地区。泰国、越南、老挝、柬埔寨也有分布。

果熟后可食用。根有散瘀活血、祛风湿之功效。

小柱悬钩子 Rubus columellaris Tutcher

灌木。花期 4~5 月，果期 6 月。产于广东乐昌、始兴、乳源、南雄、连南、英德、阳山、连平、和平、大埔、平远、博罗、高要。生于海拔 200~750 米的山谷林中、林缘或灌丛。分布于中国广西、云南、湖南、江西、福建、四川、贵州。

果熟后可食用。

柔毛小柱悬钩子 Rubus columellaris Tutcher var. villosus Yü et Lu

灌木。花期 4~5 月，果期 6 月。产于广东连山、龙门。生于海拔 200~400 米的山谷疏林中或灌丛。分布于中国广西、福建、江西、湖南、四川、贵州、云南。

果熟后可食用。叶片药用可治痢疾、胃炎、肠炎、风湿性关节炎、乳痛、毒蛇咬伤。

山莓 Rubus corchorifolius L. f.

灌木。花期 2~3 月，果期 4~6 月。产于广东乐昌、乳源、连州、连南、仁化、英德、从化、龙门、河源、梅州、揭西、博罗、高要、云浮、信宜。生于海拔 100~600 米的山地林中或灌丛。除东北、甘肃、青海、新疆、西藏外，全国均有分布。朝鲜、日本、缅甸、越南也有分布。

果味甜美，含糖、苹果酸、柠檬酸及维生素 C 等，熟后可供生食、制果酱及酿酒。果、根及叶入药，有活血、解毒、止血之功效。根皮、茎皮、叶可提取栲胶。

插田泡 Rubus coreanus Miq.

灌木。花期 4~6 月，果期 6~8 月。产于广东乐昌、连山。生于海拔约 150 米的山地灌丛。分布于中国陕西、甘肃、河南、江苏、浙江、安徽、湖南、湖北、江西、福建、四川、贵州、新疆。朝鲜、日本也有分布。

果实味酸甜，熟后可供生食、熬糖及酿酒，又可入药，为强壮剂。根有止血、止痛之功效；叶能明目。

厚叶悬钩子 Rubus crassifolius Yü et Lu

小灌木。花期 6~7 月，果期 8 月。产于广东乳源。生于中海拔的山地林中或林缘。分布于中国广西、江西、湖南。

果熟后可食用。全株煮水冲洗身体，用于解除皮肤中毒（陈建设等，2019）。

闽粤悬钩子 Rubus dunnii Metc.

灌木。花期 3~4 月，果期 6~7 月。产于广东和平、五华。生于海拔 300 米的山谷林中。分布于中国福建、贵州。

台湾悬钩子 Rubus formosensis Kuntze

灌木。花期 6~7 月，果期 8~9 月。产于广东乳源。生于山地林中。分布于中国台湾、广西。

中南悬钩子 Rubus grayanus Maxim.

灌木。花期 4 月，果期 5~6 月。产于广东乐昌、乳源。生于海拔 400~700 米的山地林中。分布于中国广西、浙江、湖南、江西、福建。日本也有分布。

果实鲜嫩多汁，熟后可食用。

江西悬钩子 Rubus gressittii Metc.

灌木。花期 4~5 月，果期 6~7 月。产于广东从化、博罗、惠东、深圳。生于山地林中或灌丛。分布于中国江西。

华南悬钩子 Rubus hanceanus Kuntze

小灌木。花期 3~5 月，果期 6~7 月。产于广东连州、封开。生于海拔约 360 米的山地林中或林缘。分布于中国湖南、福建、广西。

戟叶悬钩子 Rubus hastifolius Lévl. et Vant.

灌木。花期 3~5 月，果期 4~6 月。产于广东乐昌、连南、从化。生于海拔 500~1 000 米的山地灌丛中。分布于中国湖南、江西、云南、贵州。泰国、越南也有分布。

叶片可收敛止血，主治内外伤出血；是粤北山区民间常用的止血草药，有较好的止血效果，广东利用其叶制取"止血灵"注射液。

蓬蘽 Rubus hirsutus Thunb.

灌木。花期 4 月，果期 5~6 月。产于广东连山、平远。生于海拔 500 米左右的山谷林中或林缘。分布于中国河南、安徽、浙江、江苏、江西、福建、台湾。朝鲜、日本也有分布。

全株及根入药，能消炎解毒、清热、活血及祛风湿。

湖南悬钩子 Rubus hunanensis Hand.-Mazz.

灌木。花期 7~8 月，果期 9~10 月。产于广东乐昌、乳源、怀集。生于海拔 500 米左右的山地林中或林缘。分布于中国广西、四川、浙江、湖南、湖北、江西、福建、台湾、贵州。

根入药，可解毒补肾、活血止痛、祛风除湿。

宜昌悬钩子 Rubus ichangensis Hemsl. et Kuntze

灌木。花期7~8月，果期10月。产于广东阳春。生于山谷、山坡密林中或灌丛中。分布于中国广西、云南、陕西、甘肃、湖北、湖南、安徽、四川、贵州。

果味甜美，可食用及酿酒。种子可榨油。根入药，有利尿、止痛、杀虫之功效。茎皮和根皮含单宁，可提制栲胶。

白叶莓 Rubus innominatus S. Moore

灌木。花期5~6月，果期7~8月。产于广东乳源、乐昌、连山、始兴、五华。生于海拔200~600米的山谷、山地灌丛或林中。分布于中国广西、江西、福建、浙江、安徽、湖南、湖北、河南、陕西、甘肃、云南、四川、贵州。

果酸甜可食。根入药，治风寒咳喘。

无腺白叶莓 Rubus innominatus S. Moore var. kuntzeanus（Hemsl.）Bailey

灌木。花期5~6月，果期7~8月。产于广东乳源。生于山地林中、路旁灌丛。分布于中国广西、云南、陕西、甘肃、河南、浙江、安徽、湖北、湖南、福建、江西、四川、贵州。

根入药，可止咳、平喘，主治小儿风寒咳逆、气喘。

灰毛泡 Rubus irenaeus Focke

灌木。花期5~6月，果期8~9月。产于广东乐昌、乳源、阳山。生于海拔500~900米的山谷溪边林中。分布于中国广西、四川、浙江、江苏、湖北、湖南、福建、江西、贵州。

果可生食、制糖、酿酒或作饮料。根和全株入药，能祛风活血、清热解毒。

蒲桃叶悬钩子 Rubus jambosoides Hance

灌木。花期2~3月，果期4~5月。产于广东从化、龙门、博罗、饶平。生于低海拔至中海拔的林缘、山地林中或灌丛。分布于中国湖南、福建。

高粱泡 Rubus lambertianus Ser.

灌木。花期7~8月，果期9~11月。广东大部分地区有产。生于海拔200~1 600米的丘陵或山地林中、林缘或灌丛。分布于中国广西、云南、河南、安徽、浙江、江苏、湖北、湖南、江西、福建、台湾。日本也有分布。

果熟后可食用及酿酒。叶外用治创伤出血；种子药用，也可榨油作发油用。

五裂悬钩子 Rubus lobatus Yü et Lu

灌木。花期6~7月，果期8~9月。产于广东连山、阳山、阳春。生于山谷溪边灌丛或林中。分布于中国广西。

果实熟后可食用，也可药用，治腰腿酸疼；根皮可提制栲胶。

角裂悬钩子 Rubus lobophyllus Shih ex Metc.

灌木。花期6~7月，果期8月。产于广东信宜。生于海拔500米的山地林中或灌丛。分布于中国广西、云南、湖南、贵州。

棠叶悬钩子 Rubus malifolius Focke

灌木。花期 5～6 月，果期 6～8 月。产于广东乐昌、乳源、连南、新丰、从化、大埔、丰顺、博罗、信宜。生于海拔 400 米以上的山地林中、林缘或灌丛。分布于中国广西、云南、湖北、湖南、香港、四川、贵州。

果熟后可食用。根入药，可凉血止血、活血调经、收敛解毒，主治牙痛、疮漏、疔肿疮肿、月经不调。根皮含鞣质，可提制栲胶。

太平莓 Rubus pacificus Hance

小灌木。花期 6～7 月，果期 8～9 月。产于广东乳源。生于海拔 800 米左右的山顶疏林中。分布于中国安徽、江苏、浙江、湖南、江西、福建。

果熟后可食用。全株入药，有清热活血之功效。

琴叶悬钩子 Rubus panduratus Hand. -Mazz.

灌木。花期 6～7 月，果期 7～8 月。产于广东乳源、乐昌、信宜。生于山地灌丛、林缘或林中。分布于中国广西、贵州。

脱毛琴叶悬钩子 Rubus panduratus Hand. -Mazz. var. **etomentosus** Hand. -Mazz.

灌木。花期 6～7 月，果期 7～8 月。产于广东乳源。生于海拔 800 米左右的山地林中或林缘。分布于中国广西、云南、湖南、贵州。

茅莓 Rubus parvifolius L.

灌木。花期 5～6 月，果期 7～8 月。广东各地有产。生于山地林中或灌丛。分布于中国华南、华东、东北各省份。日本、朝鲜、越南也有分布。

少齿悬钩子 Rubus paucidentatus Yü et Lu

灌木。花期 5～6 月。产于广东乳源、阳山。生于海拔 1 200 米的山谷密林下或水沟边。分布于中国广西。

梨叶悬钩子 Rubus pirifolius Smith

灌木。花期 4～7 月，果期 8～10 月。广东大部分地区有产。生于低海拔至中海拔的山地、丘陵林中或灌丛。分布于中国华南、西南及台湾。泰国、越南、老挝、柬埔寨、印度尼西亚、菲律宾也有分布。

果熟后可食用。全株入药，有强筋骨、祛寒湿之功效。

柔毛梨叶悬钩子 Rubus pirifolius Smith var. **permollis** Merr.

灌木。花期 4～7 月，果期 8～10 月。产于广东台山。生于山地、丘陵林中或灌丛。分布于中国华南地区。

大乌泡 Rubus pluribracteatus L. T. Lu et Boufford（*R. multibracteatus* Lévl. et Vant.）

灌木。花期 4～6 月，果期 8～9 月。产于广东阳山、河源、高要、云浮。生于中海拔的山地灌丛或林中。分布于中国广西、云南、贵州。泰国、越南、老挝、柬埔寨也有分布。

果熟后可食用。全株及根入药，有清热、利湿、止血之功效。

饶平悬钩子 Rubus raopingensis Yü et Lu

灌木。花期 4～5 月，果期 7～8 月。产于广东饶平。生于海拔 500 米左右的山地林中。广东特有。

锈毛莓 Rubus reflexus Ker Gawl.

灌木。花期 6~7 月，果期 8~9 月。广东大部分地区有产。生于海拔 300~1 000 米的山坡林中或灌丛。分布于中国广西、香港、浙江、湖南、江西、福建、台湾。

果熟后可食用。根入药，有祛风湿、强筋骨之功效。

红腺悬钩子 Rubus sumatranus Miq.

灌木。花期 4~6 月，果期 7~8 月。广东各地有产。生于海拔 200~900 米的山地林中或灌丛。分布于华南、华中、华东和西南等地区。朝鲜、日本、尼泊尔、印度、越南、泰国、老挝、柬埔寨、印度尼西亚也有分布。

果熟后可食用。根入药，有清热、解毒、利尿之功效。

木莓 Rubus swinhoei Hance

灌木。花期 5~6 月，果期 7~8 月。广东中部至北部有产。生于海拔 300~570 米的山地林中或灌丛。分布于中国广西、四川、陕西、安徽、江苏、浙江、湖北、湖南、江西、福建、台湾、贵州。

果熟后可食用。根皮可提制栲胶。

灰白毛莓 Rubus tephrodes Hance

灌木。花期 6~8 月，果期 8~10 月。产于广东乐昌、乳源、阳山、阳春。生于海拔 200~450 米的山地、丘陵林中或灌丛。分布于中国广西、安徽、湖北、湖南、江西、福建、台湾、贵州。

果熟后可食用。根入药，能祛风湿、活血调经。叶可止血。种子为强壮剂。

无腺灰白毛莓 Rubus tephrodes Hance var. **ampliflorus**（Lévl. et Vant.）Hand. -Mazz.

灌木。花期 6~8 月，果期 8~10 月。产于广东乳源、乐昌、连南、连山。生于低海拔至中海拔的山地、丘陵的林中或灌丛。分布于中国广西、浙江、江苏、湖南、江西、贵州。

光滑悬钩子 Rubus tsangii Merr.

灌木。花期 4~5 月，果期 6~7 月。产于广东信宜、博罗。生于海拔 800 米左右的山地林中或灌丛。分布于中国广西、香港、云南、浙江、福建、四川、贵州。

大苞悬钩子 Rubus wangii Metc.

灌木。花期 6~7 月，果期 8~10 月。产于广东信宜。生于中海拔的山谷林中。分布于中国广西。

黄脉莓 Rubus xanthoneurus Focke ex Diels

灌木。花期 6~7 月，果期 8~9 月。产于广东乐昌、乳源、从化、封开。生于海拔 700~1 200 米的山谷林中或林缘。分布于中国广西、云南、陕西、湖北、湖南、江西、福建、四川、贵州。

159. 杨梅科 Myricaceae

▶ **杨梅属 Myrica** L.

青杨梅 Myrica adenophora Hance

灌木。花期 10~11 月，果期翌年 2~5 月。产于广东徐闻。生于山坡、林中或林缘。

分布于中国海南、广西。

果熟后可食用，对于食后饱胀、饮食不消等症有较好的食疗效果。

毛杨梅 Myrica esculenta Buch. -Ham. ex D. Don

乔木。9～10月开花，翌年3～4月果实成熟。产于广东英德、翁源、博罗、广州、新兴、怀集、封开、阳江、信宜、云浮、化州等地。生于中海拔或低海拔的疏林中。分布于中国广西、云南、四川、贵州。亚洲东南部也有分布。

果熟后可食用。毛杨梅的改造嫁接有利于杨梅的品种改良。

杨梅 Myrica rubra（Lour.）Siebold et Zucc.

乔木。4月开花，6～7月果实成熟。广东大部分地区有产。生于山地林中、林缘、路旁。分布于中国长江以南各省份。越南、菲律宾、朝鲜、日本也有分布。

果味酸甜适中，既可食用，又可加工成杨梅干、酱、蜜饯等，还可酿酒，有止渴、生津、助消化之功效。

163. 壳斗科 Fagaceae

▶**栗属 Castanea** Mill.

锥栗 Castanea henryi（Skan）Rehd. et Wils.

大乔木。花期5～7月，果期9～10月。产于广东乐昌、乳源、高要、广州等地。生于海拔100～1 400米的丘陵与山地林缘。除台湾及海南外，广布于我国秦岭南坡以南、五岭以北各地。

果熟后可食用。树干挺直，生长迅速，属优良速生树种。

茅栗 Castanea seguinii Dode

小乔木或灌木状。花期5～7月，果期9～11月。产于广东乐昌、阳山等地。生于海拔400～1 200米的丘陵山地或灌丛中。广布于我国大别山以南、五岭南坡以北各地。

果较小，但味较甜，可供食用。根入药，可用于治疗消化不良、肺结核、肺炎、丹毒、疮毒。

▶**锥属 Castanopsis** Spach

锥（桂林锥）Castanopsis chinensis Hance

乔木。花期5～7月，果期翌年9～11月。产于广东清远、河源、海丰、博罗、广州、肇庆、云浮、遂溪、阳春、茂名、雷州。生于海拔1 300米以下的山地林中或林缘。分布于中国广西、贵州、云南。

种仁可榨油，油可食用，种仁还可酿酒、制酱油、作豆腐及糕点。木材材质坚实，为制作家具、建筑、农具等良材。树皮及壳斗可提制栲胶。

华南锥 Castanopsis concinna（Champ. ex Benth.）A. DC.

乔木。花期4～5月，果期翌年9～10月。产于广东连山、平远、广宁、阳江、信宜。生于海拔500米以下的常绿阔叶林中或林缘。分布于中国华南地区。

种仁富含淀粉及少量糖分，可作为粮食。国家二级重点保护野生植物。

栲 Castanopsis fargesii Franch.

乔木。花期4～6月，也有8～10月开花，果翌年同期成熟。广东大部分地区有产。生于海拔1 200米以下的坡地或山脊杂木林中。分布于中国长江以南各地，西南至云南东南部，西至四川西部。

种仁熟后可生食，也可酿酒或作其他副食产品。木材纹理直、结构略粗糙，坚实耐用。树皮和壳斗含鞣质，可提制栲胶。树干和枝条的朽木可用来培养香菇和木耳等菌类食品，木材易干燥，是重要的薪炭林树种。

毛锥（南岭栲）**Castanopsis fordii** Hance

乔木。花期3～4月，果期翌年9～10月。广东大部分地区有产。生于海拔1 200米以下的山地林中。分布于中国广西、香港、浙江、江西、福建、湖南。

材质坚重，有弹性，结构略粗，纹理直，为南方较常见的用材树种，也是萌生林的先锋树种之一。

红锥 Castanopsis hystrix Hook. f. et Thomson ex A. DC.

乔木。花期4～6月，果期翌年8～10月。广东大部分地区有产。生于海拔30～1 300米的缓坡、丘陵及山地常绿阔叶林中。分布于中国华南及福建、湖南、贵州、云南、西藏。越南、老挝、柬埔寨、缅甸、印度等也有分布。

种仁熟后可生食。材质优良，坚硬耐腐，少变形，心材大，色泽和纹理美观，是高级家具、造船、车辆、工艺雕刻、建筑装修等优质用材。

吊皮锥 Castanopsis kawakamii Hayata

乔木。花期3～4月，果期翌年8～10月。产于广东乳源、曲江、翁源、连州、英德、连平、新丰、从化、龙门、和平、平远、大埔、蕉岭、揭西、饶平、惠东、高要、德庆、新兴、封开、阳春等大多数县市区。生于海拔约1 000米以下的沟谷、山地疏林或密林中。分布于中国台湾、福建、江西。

种仁熟后可生食。木材密致，易加工，是优质的家具及建材树种。

钩锥 Castanopsis tibetana Hance

乔木。花期4～5月，果期翌年8～10月。产于广东乐昌、乳源、始兴、翁源、连州、连山、连南、仁化、曲江、英德、阳山、新丰、博罗、龙门、河源。生于海拔1 500米以下的山地杂木林中。分布于中国广西、浙江、安徽、湖北、江西、福建、湖南、云南、贵州。

种仁熟后可生食。材质坚重，耐水湿，适作坑木、梁、柱、建筑及家具用材。

167. 桑科 Moraceae

▶**波罗蜜属 Artocarpus** J. R. Forst. et G. Forst.

白桂木 Artocarpus hypargyreus Hance

大乔木。花期春夏。广东各地有产。常生于丘陵或山谷疏林中。分布于中国海南、湖南、江西、广西、云南。

果味酸甜可食，或作调味的配料或糖渍。木材可作建筑、家具等的用材。乳汁可以提取硬性胶。

桂木 Artocarpus nitidus Trécul subsp. **lingnanensis**（Merr.）Jarr.

乔木。花期 4～5 月。产于广东广州、高州、廉江、徐闻等地。生于低海拔至高海拔的旷野或山谷林中。分布于中国广西、香港、海南、云南。越南、泰国、柬埔寨有栽培。

果成熟后，果肉鲜红似胭脂，味酸甜，可食。果肉药用可活血通络，清热开胃，收敛止血。木材坚硬，纹理细微，可作为建筑用材或家具等原料用材。树冠宽阔，枝叶浓密，可作为园林绿化树种。

二色波罗蜜 Artocarpus styracifolius Pierre

乔木。花期秋初，果期秋末冬初。广东各地有产。生于中海拔的山谷、山坡疏林中。分布于中国海南、广西、贵州、云南。越南、老挝也有分布。

果酸甜，可作果酱。傣族人用树皮来染牙齿。木材较软，可作为家具用材。

▶**桑属** Morus L.

桑 Morus alba L.

灌木或小乔木。花期 4～5 月，果期 5～8 月。广东各地有产，栽培或野生于村边旷地。分布于全国各地。原产我国，现广植于世界各地。

桑葚熟后可供食用、酿酒。叶为桑蚕饲料。木材可制器具，枝条可编箩筐。桑皮可作造纸原料。叶、果和根皮可入药。

长穗桑 Morus wittiorum Hand.-Hazz.

乔木。花期 4～5 月，果期 5～6 月。产于广东乐昌、乳源、连山、仁化、信宜。生于山谷林中、林缘、旷野。分布于中国广西、江西、湖南、湖北、云南、贵州等省份。越南也有分布。

果熟后可食用。嫩叶可以饲蚕。韧皮纤维可以造纸或作绳索。国家二级重点保护野生植物。

190. 鼠李科 Rhamnaceae

▶**枳椇属** Hovenia Thunb.

毛果枳椇 Hovenia trichocarpa Chun et Tsiang

乔木。花期 5～6 月，果期 8～10 月。产于广东乳源、英德。生于山地疏林中或林缘。分布于中国江西、湖北、湖南、贵州。

果熟后可食用。种子入药，有止渴除烦、止呕、利大小便之功效。

光叶毛果枳椇 Hovenia trichocarpa Chun et Tsiang var. **robusta**（Nakai et Y. Kimuna）Y. L. Chen et P. K. Chou

乔木。花期 5～6 月，果期 8～10 月。产于广东乳源。生于山坡林中。分布于中国安徽、浙江、江西、福建、湖南、贵州。日本也有分布。

果序轴含丰富的糖，可供生食、酿酒、制醋和熬糖。木材细致坚硬，可作建筑用材和制细木工用具。

▶**枣属 Ziziphus** Mill.

枣 Ziziphus jujuba Mill.

落叶小乔木或灌木。花期 5～7 月，果期 8～9 月。广东各地有栽培，粤北有野生。生于山坡疏林、河边、田边等。分布于中国南北各地。原产中国，现亚、欧、美各洲均有栽培。

果实熟后除供鲜食外，可制蜜饯和果脯，还可作为食品工业原料。枣供药用，有养胃、健脾、益血、滋补、强身之功效，枣仁和根均可入药，枣仁可以安神，为重要药品之一。枣树花芳香多蜜，为良好的蜜源植物。

滇刺枣 Ziziphus mauritiana Lam.

灌木或小乔木。花期 8～11 月，果期 9～12 月。广东广州、东莞、肇庆、徐闻有栽培或野生。中国广西、海南、云南、台湾、福建、四川有栽培或野生。斯里兰卡、印度、阿富汗、越南、缅甸、马来西亚、印度尼西亚、澳大利亚及非洲也有分布。

果实熟后可食用。木材坚硬，纹理密致，适于制作家具和工业用材。树皮供药用，有消炎、生肌之功效，可治烧伤。叶含单宁，可提取栲胶。

191. 胡颓子科 Elaeagnaceae

▶**胡颓子属 Elaeagnus** L.

长叶胡颓子 Elaeagnus bockii Diels

灌木。花期 10～11 月，果期翌年 4 月。广东怀集有野生，广州有栽培。分布于中国广西、云南、湖南、湖北、陕西、甘肃、四川、贵州。

果实可食及酿酒。根可治哮喘及牙痛，枝叶可顺气、化痰、治痔疮。

蔓胡颓子 Elaeagnus glabra Thunb.

藤本或灌木。花期 9～11 月，果期翌年 4～5 月。广东各地有产。生于山地林中和山坡灌丛中。分布于中国长江以南各省份。日本也有分布。

果实熟后可食用或酿酒。叶有收敛止泻、平喘止咳之功效，根行气止痛，治风湿骨痛、跌打肿痛、肝炎、胃病。茎皮可代麻、造纸、造人造纤维板。

角花胡颓子 Elaeagnus gonyanthes Benth.

灌木。花期 10～11 月，果期翌年 2～3 月。产于广东阳山、龙门、广州、珠海、肇庆、台山、罗定、信宜、阳江、郁南、徐闻等地。生于海拔 1 000 米以下的丘陵灌丛、山地混交林中。分布于中国广西、海南、云南、湖南。中南半岛也有分布。

果实熟后可食用，生津止渴。全株均可入药，治痢疾、跌打、瘀积；叶可治肺病、支气管哮喘、感冒咳嗽。

披针叶胡颓子 Elaeagnus lanceolata Warb. ex Diels

灌木。花期 8～10 月，果期翌年 4～5 月。产于广东乳源和怀集。生于海拔 600 米以上的山地林中。分布于中国广西、陕西、湖北、湖南、云南、四川、贵州、福建。

果实熟后可食用，也可药用，治疗痢疾。

鸡柏紫藤 Elaeagnus loureiroi Champ. ex Benth.

灌木。花期 10～12 月，果期翌年 4～5 月。产于广东惠阳、深圳、珠海、信宜、化州。生于丘陵和山地的林下、沟边、路旁等半阴处。分布于中国广西、香港、云南、江西、贵州。

果实熟后可食用。全株药用，可止咳平喘、收敛止泻，用于治疗哮喘、咳嗽、泄泻、胃痛。

银果牛奶子 Elaeagnus magna（Serv.）Rehd.

灌木。花期 4～5 月，果期 6 月。产于广东乳源、乐昌、阳山。生于山地林缘、山谷、河边灌丛或石灰岩石缝中。分布于中国广西、江西、湖南、湖北、四川、贵州。

果实熟后可生食或酿酒，亦是观赏植物。

长萼木半夏 Elaeagnus multiflora Thunb. var. **siphonantha**（Nakai）C. Y. Chang

灌木。花期 5 月，果期 6～7 月。产于广东乳源。生于海拔 600 米的山坡灌丛中。分布于中国湖南南部。日本也有分布。

果实熟后可食用，食品工业上可作果酒和饴糖等。果实、根、叶入药可治跌打损伤、痢疾、哮喘。

福建胡颓子 Elaeagnus oldhamii Maxim.

灌木。花期 11～12 月，果期翌年 2～3 月。产于广东惠阳、湛江等近海地区。生于海拔 500 米以下的旷地、草地或山坡灌丛中。分布于中国香港、福建和台湾。

果实熟后可食用。树形娟秀，耐修剪，适合滨海地区绿化和美化，也可作为绿篱。

193. 葡萄科 Vitaceae

▶ **葡萄属** Vitis L.

小果葡萄 Vitis balanseana Planch.

藤本。花期 2～8 月，果期 6～11 月。产于广东连山、广州、珠海、深圳、肇庆、阳江、罗定、雷州。生长于中低海拔的沟谷或山坡阳处。分布于中国华南地区。越南也有分布。

果实熟后可食用。根皮入药，可舒筋活血、清热解毒、生肌利湿。

东南葡萄 Vitis chunganensis Hu

木质藤本。花期 4～6 月，果期 6～8 月。产于广东乳源、连州、广宁。生于海拔 500～1 200 米的山坡灌丛、沟谷林中。分布于中国广西、安徽、江西、浙江、福建、湖南。

闽赣葡萄 Vitis chungii Metcalf

木质藤本。花期 4～6 月，果期 6～8 月。产于广东乳源、连州、连山、连南、南雄、大埔、平远、高要、封开。生于海拔 200～1 000 米的山坡、沟谷林中或灌丛。分布于中国广西、江西、福建。

毛葡萄 Vitis heyneana Roem. et Schult.

木质藤本。花期 4～6 月，果期 6～10 月。产于广东乳源、连州、连山、连南、梅州、惠东、怀集。生于海拔 100 米以上的山坡、丘陵、沟谷林中。分布于中国广西、湖北、山西、陕西、甘肃、山东、河南、安徽、江西、浙江、福建、湖南、四川、贵州、云南、西藏。尼泊尔、不丹、印度也有分布。

果实熟后可食用，营养丰富，也可用于酿造葡萄酒。

桑叶葡萄 Vitis heyneana Roem. et Schult. subsp. **ficifolia**（Bge.）C. L. Li

木质藤本。花期 4～6 月，果期 6～10 月。产于广东乳源。生于山坡沟谷中或林缘。分布于中国河北、山西、陕西、山东、河南、江苏。尼泊尔、不丹和印度也有分布。

鸡足葡萄 Vitis lanceolatifoliosa C. L. Li

木质藤本。花期 5 月，果期 8～9 月。产于广东乐昌、乳源。生于海拔 600～800 米的山坡、溪边灌丛或疏林。分布于中国江西、湖南。

华东葡萄 Vitis pseudoreticulata W. T. Wang

木质藤本。花期 4～6 月，果期 6～10 月。产于广东乳源、连州、阳山。生于海拔 100～300 米的山坡、荒地、灌丛或林中。分布于中国广西、河南、安徽、江苏、浙江、江西、福建、湖北、湖南。朝鲜也有分布。

果实熟后可食用。植株耐湿且抗霜霉病的能力强，果实含糖量高，是培育南方葡萄品种的重要种质资源。

乳源葡萄 Vitis ruyuanensis C. L. Li

木质藤本。花期 4～5 月，果期 6～7 月。产于广东乳源。生于海拔约 200 米的山坡灌丛。我国广东特有。

狭叶葡萄 Vitis tsoi Merr.

木质藤本。花期 4～5 月，果期 6～9 月。产于广东始兴、乳源、乐昌、仁化、连州、连山、南雄、连平、龙门、龙川、和平、梅州、封开。生于海拔 300～700 米的山坡林中或灌丛。分布于中国广西、香港、福建。

194. 芸香科 Rutaceae

▶**山油柑属 Acronychia** J. R. Forst. et G. Forst.

山油柑（降真香）**Acronychia pedunculata**（L.）Miq.

乔木。花期 4～8 月，果期 8～12 月。广东中部、西部和东部有产。生于海拔 600 米以下的山坡或平地杂木林中。分布于中国华南及福建、台湾、云南。越南、印度、菲律宾等国也有分布。

果实熟后可食用。根、叶、果入药，可化气、活血、祛瘀、消肿、止痛，用于治支气管炎、感冒、咳嗽、心气痛、疝气痛、跌打肿痛、消化不良。

▶**柑橘属 Citrus** L.

龙门香橙 Citrus 'Longmen Xiangcheng'

乔木。花期 4～5 月，果期 8～10 月。产于广东龙门。生于海拔 1 000 米左右的山坡杂木林中。广东特有。

▶**黄皮属 Clausena** Burm. f.

齿叶黄皮 Clausena dunniana H. Lév. ［*C. dentata*（Willd.）M. Roem.］

乔木。花期 6～7 月，果期 10～11 月。产于广东乳源、乐昌、连州、英德、阳山、新丰、云浮、封开。常见于石灰岩山上的灌丛中。分布于中国广西、湖南、贵州、四川、云南。越南也有分布。

果实熟后可食用。叶含有近 40 种精油，部分有较强的抑制霉菌生长的活性。

假黄皮 Clausena excavata Burm. f.

灌木。花期 4～5 月及 7～8 月，盛果期 8～10 月。产于广东广州、高要、信宜、雷州、徐闻。生于低海拔的丘陵坡地灌丛或疏林中。分布于中国广西、海南、台湾、福建、云南。越南、老挝、柬埔寨、泰国、缅甸、印度也有分布。

果实熟后可食用，但不宜多吃。叶、根皮药用，能行气、止痛、祛风、祛湿。

▶**金橘属 Fortunella** Swingle

山橘 Fortunella hindsii（Champ. ex Benth.）Swingle

灌木或小乔木。花期 4～5 月，果期 10～12 月。广东各地有产，多见于低海拔的坡地疏林、丘陵、山谷湿润地方。分布于中国华南及台湾、福建、江西、湖南、安徽。

果实熟后可食用，果皮可提取芳香油。根药用，治风寒咳嗽、胃气痛等症。国家二级重点保护野生植物。

▶**山小橘属 Glycosmis** Corrêa

小花山小橘（山小橘）**Glycosmis parviflora**（Sims）Little

乔木。花期 3～5 月，果期 7～9 月。广东大部分地区有产。生于低海拔的坡地的灌丛或疏林中。分布于中国华南及云南、台湾、福建、贵州等地。越南也有分布。

果实熟后可食用，略甜，轻度麻舌。根及叶入药，根可行气消积、化痰止咳，叶可散瘀消肿。

198. 无患子科 Sapindaceae

▶**龙眼属 Dimocarpus** Lour.

龙荔 Dimocarpus confinis（How et Ho）H. S. Lo

乔木。花期夏季，果期夏末秋初。产于广东肇庆等地。生于海拔 400 米以上的山地阔叶林中。分布于中国广西、湖南、云南、贵州。越南也有分布。

假种皮有甜味，种子含淀粉，但有毒，处理后可食。木材可作造船、家具、车辆、建筑、农具和具柄等良材。

205. 漆树科 Anacardiaceae

▶**槟榔青属 Spondias** L.

岭南酸枣 Spondias lakonensis Pierre

落叶乔木。花期 5～6 月，果期秋季。产于广东曲江、清远、梅州、广州等地。野生于低海拔的疏林中，也有栽培。分布于海南、广西、云南、福建。越南也有分布。

果酸甜可食，有酒香。种子榨油可制肥皂。木材软而轻，但不耐腐，适于作家具、箱板等。也可作庭园绿化树种。

207. 胡桃科 Juglandaceae

▶枫杨属 Pterocarya Kunth

枫杨 Pterocarya stenoptera C. DC.

落叶乔木。花期 4～5 月，果熟期 8～9 月。产于广东乐昌、乳源、始兴、连南、曲江、英德、阳山、翁源、和平、平远、蕉岭、揭西、广州、肇庆。多见于河旁、沟边或山溪旁。分布于中国广西、香港、湖南、陕西、河南、山东、安徽、江苏、浙江、江西、福建、台湾、湖北、四川、贵州、云南。

果实可作饲料和酿酒，种子可榨油。树皮和枝皮含鞣质，可提取栲胶，亦可作纤维原料。被广泛栽植作园庭树或行道树。

215. 杜鹃花科 Ericaceae

▶越橘属 Vaccinium L.

南烛（乌饭树）Vaccinium bracteatum Thunb.

灌木或小乔木。花期 6～7 月，果期 8～10 月。广东大部分山区县有产。常见于海拔500 米以上的丛林中或林谷沿溪边。分布于中国香港、云南至长江流域以南各省份。日本、朝鲜、中南半岛各国也有分布。

果实成熟后酸甜可食。江南一带民间在寒食节采摘枝、叶渍汁浸米，煮成"乌饭"食用。果实入药，名"南烛子"，有强筋益气、固精之功效。

短尾越橘（乌饭子）Vaccinium carlesii Dunn

灌木。花期 5～6 月，果期 8～10 月。产于广东乐昌、乳源、始兴、连州、连山、南雄、英德、新丰、翁源、蕉岭、大埔、平远。生于海拔 270～1 400 米的山坡或山脊灌丛中。分布于中国广西、香港、浙江、福建、江西、湖南、贵州。

蓝果越橘 Vaccinium chunii Merr. ex Sleumer

灌木。花期 3～5 月，果期 9～12 月。产于广东阳春。生于丛林中或林中石上。分布于中国海南。越南也有分布。

果实熟后可食用。

刺毛越橘 Vaccinium trichocladum Merr. et Metc.

灌木或小乔木。花期 4～5 月，果期 5～9 月。产于广东英德、翁源、连平、和平、五华、丰顺、大埔、饶平、博罗。生于海拔 480～750 米的山地疏林林缘。分布于中国广西、安徽、浙江、福建、江西、贵州。

果实熟后可食用，可消食化积。

221. 柿科 Ebenaceae

▶柿属 Diospyros L.

光叶柿 Diospyros diversilimba Merr. et Chun

灌木或乔木。花期 4～5 月，果期 8～12 月。广东西南部有产。生于丘陵疏林中、路旁灌丛中等。分布于中国海南。

果实熟后可食用。树形高大挺拔，树冠庞大，可作园林绿化树种。材质紧密，木纹均匀，可作家具用材。

罗浮柿 Diospyros morrisiana Hance

小乔木或乔木。花期 5～6 月，果期 11 月。广东各地山区均有产。生于山地常绿阔叶林或混交林中。分布于中国华南及福建、江西、台湾、浙江、湖南、云南、贵州。越南也有分布。

果实熟后可食用，维生素和糖分含量高。茎皮、叶、果入药，有解毒消炎之功效。未成熟果实可提取柿漆。木材可制作家具。

信宜柿 Diospyros sunyiensis Chun et L. Chen

小乔木。果期 8 月。产于广东阳春、信宜。生于林中。分布于中国广西。

果实熟后可食用。

延平柿（油杯子）**Diospyros tsangii** Merr.

灌木或小乔木。产于广东连州、连山、乳源、始兴、阳山、翁源、新丰、从化、龙门、和平、紫金、大埔、饶平、深圳、封开等地。生于山地疏林中。分布于中国广西、香港、福建、湖南、江西。

岭南柿 Diospyros tutcheri Dunn

乔木。花期 4～5 月，果期 8～10 月。产于广东清远、龙门、博罗、惠东、深圳、高要、广宁。生于山谷疏林、密林中或水边。分布于中国华南及湖南、贵州。

果实熟后可食用。茎皮、叶、果入药，有解毒消炎之功效。

小果柿 Diospyros vaccinioides Lindl.

灌木。花期 5～6 月，果期冬季。产于广东深圳、珠海、惠阳、新会、台山、阳春等地。生于山地灌丛中。分布于中国香港。

果实熟后可食用。

222. 山榄科 Sapotaceae

▶**桃榄属 Pouteria** Aubl.

桃榄 Pouteria annamensis（Pierre）Baehni

乔木。花期 5 月。产于广东茂名、湛江。常生于中海拔疏林或密林中，村边路旁有时偶见。分布于中国广西。越南也有分布。

果熟后味香甜，可食用。木材可制作小型家具、农具。

223. 紫金牛科 Myrsinaceae

▶**酸藤子属 Embelia** Burm. f.

酸藤子 Embelia laeta（L.）Mez

攀缘灌木或藤本。花期 12 月至翌年 3 月，果期 4～6 月。广东大部分地区有产。生于海拔 100～1 500 米的山坡疏密林下，或林缘、灌丛中。分布于中国华南及台湾、福建、江西、云南。越南、泰国、老挝、柬埔寨也有分布。

果熟后可食用，有强壮补血之功效。嫩尖和叶可生食，味酸。根、叶可散瘀止痛、收敛止泻，治跌打肿痛、肠炎腹泻、咽喉炎、胃酸少、痛经闭经等；叶煎水亦作外科洗药。

白花酸藤果 Embelia ribes Burm. f.

攀缘灌木或藤本。花期 1～7 月，果期 5～12 月。广东中部、西部和东部常见。生于海拔 1 000 米以下的疏林内及灌丛中。分布于中国广西、香港、云南、福建、贵州等省份。印度以东至印度尼西亚均有分布。

果熟后可食用，味甜。嫩尖可生吃或作为蔬菜，味酸。根可药用，治急性肠胃炎、赤白痢、腹泻、刀枪伤、外伤出血等，亦有用于治疗蛇咬伤。叶煎水可作外科洗药。

平叶酸藤子（长叶酸藤子）**Embelia undulata**（Wall.）Mez［*E. longifolia*（Benth.）Hemsl.］

攀缘灌木或藤本。花期 4～6 月，果期 9～11 月。广东大部分地区有产。生于海拔 300～1 200 米的山地疏林、密林中或路边灌丛中。分布于中国广西、香港、江西、福建、云南、四川、贵州。

果熟后可食用，味酸甜。

233. 忍冬科 Caprifoliaceae

▶**荚蒾属** Viburnum L.

直角荚蒾 Viburnum foetidum Wall. var. **rectangulatum**（Graebn.）Rehd.

灌木。花期 5～8 月，果期 8～10 月。广东北部有产。生于海拔 200～400 米的山坡林中或灌丛中。分布于中国广西、四川、陕西、江西、台湾、湖北、湖南、贵州、云南、西藏。

果熟后可食用。

南方荚蒾 Viburnum fordiae Hance

灌木或小乔木。花期 4～5 月，果期 10～12 月。产于广东乐昌、乳源、始兴、南雄、连山、连南、阳山、英德、连平、从化、惠阳、博罗、龙门、封开、郁南、怀集、罗定、阳春、信宜。生于海拔 200～800 米的山谷、山坡林下或灌丛中。分布于中国广西、福建、云南、湖南、安徽、浙江、江西、贵州。

果熟后可食用。花冠白色，辐状，极具特色，为良好的观花灌木种类。

大果鳞斑荚蒾 Viburnum punctatum Buch. -Ham. ex D. Don var. **lepidotulum**（Merr. et Chun）P. S. Hsu

灌木或小乔木。花期 3～4 月，果期 5～10 月。产于广东连山、龙门、怀集、德庆、云浮、信宜。生于海拔 200～900 米的山谷、溪边疏林或密林中。分布于中国海南、广西。

果熟后可食用。

249. 紫草科 Boraginaceae

▶ **破布木属 Cordia L.**

破布木 Cordia dichotoma Forst.

乔木。花期2～4月，果期6～8月。产于广东河源、广州、深圳、高要、阳江、徐闻等地。生于山坡疏林及山谷溪边。分布于中国广西、香港、海南、贵州、台湾、福建、云南、西藏。越南、印度、澳大利亚及新喀里多尼亚岛也有分布。

果熟后可食用，果皮含有胶质，富含维生素，带有甘味和黏性。果实药用能抑制病毒、清热消渴、健胃消食，有镇咳、解毒、整肠之功效，可作缓泻剂，又可治疗冠心病。

263. 马鞭草科 Verbenaceae

▶ **石梓属 Gmelina L.**

亚洲石梓 Gmelina asiatica L.

攀缘灌木。产于广东紫金、博罗、增城等地。生于灌丛中。分布于中国广西。斯里兰卡、印度、缅甸、泰国、马来西亚和印度尼西亚也有分布。

根、果实和叶等药用，可活血化瘀、祛湿止痛，含蒽醌类化合物，宜慎用。

287. 芭蕉科 Musaceae

▶ **芭蕉属 Musa L.**

野蕉 Musa balbisiana Colla

草本。广东大部分山区县有产。生于沟谷坡地的湿润常绿林中。分布于中国华南及福建、云南。亚洲南部、东南部也有分布。

是栽培香蕉的亲本种之一，其假茎可作为猪饲料。种子药用，主治跌打骨折、大便秘结。

三、蔬菜类植物

—蕨类植物—

P13. 紫萁科 Osmundaceae

▶ **紫萁属** Osmunda L.

紫萁 Osmunda japonica Thunb.

草本。产于广东乐昌、乳源、南雄、始兴、仁化、连州、连山、连南、英德、阳山、曲江、翁源、新丰、连平、和平、龙门、平远、深圳、云浮、阳春、增城等地。生于海拔300～1 100米的林下或山谷溪边。分布于中国秦岭以南各省份。日本、朝鲜、印度北部（喜马拉雅山地）也有分布。

嫩叶可食。可作药用，为中药材紫萁贯众的来源植物；嫩苗或幼叶柄上的绵毛主治外伤出血，根茎及叶柄残基主治流感等。

P32. 水蕨科 Parkeriaceae

▶ **水蕨属** Ceratopteris Brongn.

水蕨 Ceratopteris thalictroides（L.）Brongn.

草本。产于广东翁源、梅州、海丰、广州、高要、珠海、东莞、德庆、怀集、台山、郁南、阳江、湛江。生于池沼、水田、水沟等湿地或淤泥中。分布于中国华南及台湾、福建、江西、浙江、山东、江苏、安徽、湖北、四川、云南。亚洲、非洲、欧洲等热带和暖温带地区也有分布。

嫩叶可作为蔬菜食用。茎叶可供药用。国家二级重点保护野生植物。

焕镛水蕨 Ceratopteris chunii Y. H. Yan

草本。产于广东广州。生于水田、沟渠等湿地或淤泥中。广东特有（Yu et al.，2022）。嫩叶可作蔬菜。国家二级重点保护野生植物。

P36. 蹄盖蕨科 Athyriaceae

▶ **双盖蕨属** Diplazium Sw.

食用双盖蕨（菜蕨）Diplazium esculentum（Retz.）Sm.

草本。产于广东始兴、英德、龙川、广州、深圳、肇庆、新兴、阳春。生于林下、溪边、沟旁湿地。分布于中国华南及浙江、福建、台湾、安徽、江西、湖南、贵州、云南。亚洲其他热带地区也有分布。

嫩叶可作野菜食用。

P39. 铁角蕨科 Aspleniaceae

▶**铁角蕨属** Asplenium L.

巢蕨（山苏花）Asplenium nidus L. ［*Neottopteris nidus*（L.）J. Sm.］

草本。产于广东惠阳、广州、阳江、信宜及珠江口沿海岛屿。生于山地林下阴湿处石上或树上。分布于中国华南及台湾、贵州、云南、西藏。斯里兰卡、印度、缅甸、柬埔寨、泰国、越南、马来西亚、菲律宾、印度尼西亚及大洋洲、西印度洋群岛、东非也有分布。

嫩叶可作野菜食用。也可供观赏。

—被子植物—

18. 睡莲科 Nymphaeaceae

▶**莼菜属** Brasenia Schreb.

莼菜 Brasenia schreberi J. F. Gmel.

水生草本。花期6月，果期10～11月。产于广东南雄、阳山。生于池塘、河湖或沼泽。分布于中国江苏、浙江、江西、湖南、四川、云南等地。日本、印度、美国、加拿大及大洋洲东部、非洲西部均有分布。

嫩茎叶富含胶质，是珍贵的水生蔬菜。全草入药，有清热、利水、消肿、解毒之功效。国家二级重点保护野生植物。

28. 胡椒科 Piperaceae

▶**胡椒属** Piper L.

假蒟 Piper sarmentosum Roxb.

草本。花期4～11月。产于广东清远、翁源、博罗、广州、陆丰、深圳、南海、中山、珠海、台山、高要、新兴、恩平、罗定、阳江、郁南、茂名、徐闻等地。生于疏林中或村旁潮湿地上。分布于中国华南及西南各省份。印度、越南、马来西亚、菲律宾、印度尼西亚、巴布亚新几内亚也有分布。

茎叶可炒食或做汤。根和果序可供药用，治风湿骨痛、食欲不振等症。

39. 十字花科 Cruciferae

▶**碎米荠属** Cardamine L.

弯曲碎米荠 Cardamine flexuosa With.

草本。花期3～5月，果期4～6月。产于广东乐昌、乳源、连州、连山、连南、翁源、新丰、连平、和平、龙门、博罗、广州、平远、封开。生于路旁、田边、草地。分布于中国各地。朝鲜、日本及欧洲、北美洲也有分布。

全草入药，能清热、利湿、健胃、止泻。

▶**蔊菜属 Rorippa Scop.**

无瓣蔊菜 Rorippa dubia（Pers.）Hara

草本。花期 4～6 月，果期 6～8 月。产于广东乳源、连州、仁化、广州、深圳、云浮、肇庆、阳春。生于山坡路旁、山谷、河边湿地、园圃及田野较潮湿处。分布于中国华南、华东、华中、西北、西南地区。日本、菲律宾、印度、印度尼西亚、美国南部也有分布。

可作为蔬菜食用。全草入药，内服有解表健胃、止咳化痰等功效，外用治痈肿疮毒及烫火伤。

蔊菜 Rorippa indica（L.）Hiern

草本。花期 4～6 月，果期 6～8 月。广东各地有产。生于路旁、田边、园圃、河边、屋边墙脚及山坡路旁等较潮湿处。分布于中国广西、福建、台湾、山东、河南、陕西、甘肃、江苏、浙江、江西、湖南等地。日本、朝鲜、菲律宾、印度尼西亚、印度等也有分布。

茎叶可作野菜食用，也可用作饲料。全草入药，内服有解表健胃、止咳化痰等功效，外用治痈肿疮毒及烫火伤。

40. 董菜科 Violaceae

▶**董菜属 Viola L.**

长萼董菜 Viola inconspicua Blume

草本。花期 11 月至翌年 4 月，果期 6～11 月。广东各地有产。生于田边、溪边、村旁潮湿地或山地林缘。分布于中国长江以南各省份及陕西、甘肃。印度、印度尼西亚、日本、马来西亚、缅甸、菲律宾、新几内亚、越南也有分布。

全草入药，能清热解毒。

53. 石竹科 Caryophyllaceae

▶**鹅肠菜属 Myosoton Moench**

鹅肠菜（牛繁缕）Myosoton aquaticum（L.）Moench

草本。花期 5～8 月，果期 6～9 月。广东各地有产。生于山谷、耕地、旷野、沟边或路旁。分布于中国各地。北半球温带、亚热带地区以及北非也有分布。

幼苗可作野菜食用或作饲料。全草供药用，可祛风解毒，外敷治疖疮。

56. 马齿苋科 Portulacaceae

▶**马齿苋属 Portulaca L.**

马齿苋 Portulaca oleracea L.

草本。花期 5～8 月，果期 6～9 月。广东各地有产。生于旷地、路旁、园地。分布于中国各地。世界温带和热带地区均有分布。

嫩茎叶可作蔬菜食用。也可作饲料。全草供药用，有清热利湿之功效。

61. 藜科 Chenopodiaceae

▶ **藜属** Chenopodium L.

细穗藜 Chenopodium gracilispicum H. W. Kung

草本。花期 7 月，果期 8 月。产于广东阳山、乐昌。生于低海拔的山坡草地、林缘、河边、池旁。分布于中国广西、浙江、安徽、江西、湖南、河南、山东、陕西、甘肃、四川。日本也有分布。

63. 苋科 Amaranthaceae

▶ **牛膝属** Achyranthes L.

牛膝 Achyranthes bidentata Blume

草本。花期 7～9 月，果期 9～10 月。广东各地有产。生于海拔 1 500 米以下的山谷、溪边或湿润的林下。分布于中国各地。朝鲜、印度、越南、菲律宾、马来西亚及非洲也有分布。

嫩茎叶可作蔬菜食用。根可入药，治跌打瘀痛。

▶ **青葙属** Celosia L.

青葙（狗尾草、百日红、鸡冠花）**Celosia argentea** L.

草本。花期 5～8 月，果期 6～10 月。广东各地有产。生于旷野、丘陵、溪边、田边、菜园边、村旁。分布几遍全国，野生或栽培。朝鲜、日本、俄罗斯、印度、越南、缅甸、泰国、菲律宾、马来西亚及非洲热带均有分布。

可作野菜食用或作饲料。药用，为中药材青葙子的来源植物，种子有清热明目之功效。花序宿存经久不凋，可供观赏。

▶ **苋属** Amaranthus L.

苋（雁来红）**Amaranthus tricolor** L.

草本。花期 5～8 月，果期 7～9 月。广东各地有栽培及逸为野生。生于旷野、田边、村旁。分布于中国各地。原产印度，亚洲南部、中部及日本等地均有分布。

茎叶可作为蔬菜食用。叶色丰富，可供观赏。根、果实及全草可入药，有明目之功效。

64. 落葵科 Basellaceae

▶ **落葵属** Basella L.

落葵 Basella alba L.

藤本。花期 5～9 月，果期 7～10 月。广东各地有栽培或逸为野生。生长于海拔 2 000 米以下的地区。中国南北各地多有种植。原产亚洲热带地区，亚洲、非洲及美洲等地均有栽培。

叶含多种维生素，可作蔬菜食用，果汁可作无害的食品着色剂。全草供药用，为缓泻剂。

77A. 菱科 Trapaceae

▶ **菱属** Trapa L.

欧菱（菱角、乌菱）**Trapa natans** L.（*T. bicornis* Osbeck）

水生草本。花果期 5～11 月。产于广东翁源、广州、惠阳、高要。生于水塘、湖泊中。分布于中国长江以南各地。日本、越南、老挝、泰国也有分布。

果可食用，富含淀粉及多种维生素，可作蔬菜食用或加工制成菱粉，嫩茎也可作蔬菜。菱叶可作青饲料或绿肥。

103. 葫芦科 Cucurbitaceae

▶ **红瓜属** Coccinia Wight et Arn.

红瓜 Coccinia grandis（L.）Voigt（*Bryonia grandis* L.）

草质藤本。花果期夏季。产于广东珠海、徐闻、雷州。生于山坡灌丛及林中。分布于中国广西、海南、香港、澳门、福建、云南。非洲和亚洲的热带地区也有分布。

可供观赏。嫩茎叶可供菜用。

▶ **金瓜属** Gymnopetalum Arn.

金瓜 Gymnopetalum chinense（Lour.）Merr.［*G. cochinchinense*（Lour.）Kurz］

草质藤本。花期 7～9 月，果期 9～12 月。产于广东广州、东莞、深圳、郁南、阳春等地。常生于灌丛或山谷林中。分布于中国广西、海南、香港、福建、云南。越南、印度、马来西亚也有分布。

果加工后可食。全草或根可作药用，治关节酸痛、手脚萎缩。

▶ **绞股蓝属** Gynostemma Blume

绞股蓝 Gynostemma pentaphyllum（Thunb.）Makino

草质藤本。花期 3～11 月，果期 4～12 月。产于广东乐昌、英德、阳山、新丰、博罗、和平、广州、深圳、阳春、信宜。生于海拔 300～3 200 米的山谷密林中、山坡疏林、灌丛中。分布于中国陕西南部至长江以南各省份。印度、尼泊尔、孟加拉国、斯里兰卡、缅甸、老挝、越南、朝鲜和日本等均有分布。

嫩叶可作蔬菜食用，嫩芽也可作茶饮。根状茎可作药用，有清热解毒、止咳祛痰之功效。

▶ **苦瓜属** Momordica L.

凹萼木鳖 Momordica subangulata Blume

草质藤本。花期 6～8 月，果期 8～10 月。产于广东乐昌、阳山、高要等地。生于丘陵或村旁的疏林、灌丛或林缘。分布于中国广西、贵州、云南。越南、老挝、泰国、缅甸、马来西亚、印度尼西亚等地也有分布。

▶ **帽儿瓜属** Mukia Arn.

帽儿瓜 Mukia maderaspatana（L.）M. J. Roem.

草质藤本。花期 4～8 月，果期 8～12 月。产于广东始兴、阳春。生于海拔 400～

800米的旷野灌<u>丛</u>或山谷沟边。分布于中国广西、贵州、云南和台湾等地。亚洲热带和亚热带地区、大洋洲、非洲均有分布。

▶ **赤瓟属 Thladiantha** Bunge

大苞赤瓟 Thladiantha cordifolia（Blume）Cogn.

草质藤本。花果期5～11月。产于广东乐昌、乳源、连州、始兴、翁源、新丰、从化、恩平、阳春、怀集、云浮。生于低海拔山地的灌<u>丛</u>或沟谷林中。分布于中国广西、四川、云南等省份。越南、印度、老挝等地也有分布。

▶ **马㼎儿属 Zehneria** Endl.

钮子瓜 Zehneria bodinieri（**H. Lév.**）W. J. de Wilde et Duyfjes［Z. *maysorensis*（Wight et Arn.）Arn.］

草质藤本。花期4～8月，果期8～11月。产于广东乐昌、始兴、仁化、阳山、英德、翁源、龙门、和平、蕉岭、深圳、珠海、怀集。常生于海拔500～1 000米的山林潮湿处。分布于中国广西、海南、福建、四川、贵州、云南、江西。印度半岛、中南半岛及苏门答腊、菲律宾和日本也有分布。

全草或根可作药用，有清热、镇痉、解毒、通淋之功效。

104. 秋海棠科 Begoniaceae

▶ **秋海棠属 Begonia** L.

粗喙秋海棠 Begonia longifolia Blume（*B. crassirostris* Irmscher）

草本。花期4～5月，果期7月。产于广东乐昌、连山、翁源、连平、大埔、博罗、广州、深圳、高要、新兴、信宜。生于海拔600～1 400米的林下和山谷水边荫蔽处。分布于中国华南及台湾、江西、福建、湖南、云南、贵州。印度东北部、老挝、马来西亚、缅甸、泰国、越南也有分布。

可供观赏。也可作药用，有清热解毒、消肿止痛之功效。

紫背天葵 Begonia fimbristipula Hance

草本。花期4～5月，果期6～7月。产于广东乳源、乐昌、始兴、仁化、连州、阳山、英德、龙门、从化、平远、蕉岭、大埔、博罗、深圳、高要、阳春、信宜、封开。生于海拔500～1 150米的山谷林下阴湿石上或石缝中。分布于中国华南及福建、浙江、江西、湖南、云南。

叶可作蔬菜食用。全草入药，有解毒、止咳、活血、消肿之功效。

132. 锦葵科 Malvaceae

▶ **锦葵属 Malva** L.

野葵 Malva verticillata L.

草本。花期3～11月。产于广东乐昌、河源、大埔、肇庆等地，栽培或野生。生于林缘、平地或旷野。长江以南各省份均有栽培。日本、印度、缅甸、朝鲜、埃及、埃塞俄比亚也有分布。

嫩茎叶可作蔬菜食用。种子、根叶作中草药，可清热解毒。

143. 蔷薇科 Rosaceae

▶ **委陵菜属** Potentilla L.

翻白草 Potentilla discolor Bunge

草本。花果期5～9月。产于广东乐昌、乳源、连南、阳山、英德、平远。生于低海拔至中海拔的山顶、山坡或旷野草丛。分布于中国广西、辽宁、陕西、河北、河南、山东、安徽、江苏、江西、湖北、湖南。日本、朝鲜也有分布。

块根含丰富淀粉，嫩苗可食。全草入药，能解热、消肿、止痢、止血。

148. 蝶形花科 Papilionaceae

▶ **胡枝子属** Lespedeza Michx.

美丽胡枝子 Lespedeza thunbergii subsp. **formosa**（Vogel）H. Ohashi

直立灌木。花果期9～11月。产于广东乳源、乐昌、连山、英德、阳山、翁源、新丰、从化、龙门、惠东、河源、兴宁、大埔、博罗、深圳、高要、怀集、封开。生于海拔1 200米以下的山坡、路旁及林缘灌丛中。分布于中国广西、香港、福建、河北、陕西、甘肃、山东、江苏、安徽、浙江、江西、河南、湖北、湖南、四川、云南。朝鲜、日本、印度也有分布。

种子含油量高，可作粮油食用。粗蛋白质含量较高，可作饲料。也可作观赏植物或用于边坡修复。

197. 楝科 Meliaceae

▶ **香椿属** Toona（Endl.）M. Roem.

香椿 Toona sinensis（A. Juss.）M. Roem.

乔木。花期6～8月，果期10～12月。产于广东乐昌、乳源、连州、英德、阳山、广州、深圳、肇庆等地。生于疏林中，或栽培于村边路旁。分布于中国华南及江西、湖南、江苏、安徽、云南、贵州、四川。朝鲜也有分布。

椿芽营养丰富，风味独特，并具有食疗作用，主治外感风寒、风湿痹痛、胃痛、痢疾等症。中国人食用香椿历史悠久，在汉代本种就遍布大江南北。也是园林绿化的优良树种。

213. 伞形科 Umbelliferae

▶ **积雪草属** Centella L.

积雪草 Centella asiatica（L.）Urban

草本。花果期4～10月。广东各地均有产。多生于阴湿草地或水沟边。分布于中国广西、福建、台湾、陕西、江苏、安徽、浙江、江西、湖南、湖北、四川。广布于亚洲热带地区、澳大利亚、非洲中部和南部地区。

叶可作蔬菜食用，也可作为凉茶饮用。全草入药，可清热利湿、消肿解毒。也可作为优良的草坪观赏植物。

▶ **鸭儿芹属 Cryptotaenia** DC.

鸭儿芹 Cryptotaenia japonica Hassk.

草本。花期 4～5 月，果期 6～10 月。广东各地均有产。常见于低山林下、沟边、田边或沟谷草丛中。分布于中国长江以南各省份。朝鲜、日本也有分布。

茎叶可作为食用香料。全草入药，民间有用全草捣烂外敷治蛇咬伤。种子含油量较高，可用于制肥皂和油漆。

深裂鸭儿芹（裂叶鸭儿芹）**Cryptotaenia japonica** Hassk. f. **dissecta**（Yabe）Hara

草本。花期 4～5 月，果期 6～10 月。产于广东乐昌、南雄、连山、阳山、连平、怀集等地。生于山坡林下湿地、沟边。分布于中国广西、陕西、四川、贵州、湖南、江西、福建。日本也有分布。

茎叶可作食用香料。全草入药，民间有用全草捣烂外敷治蛇咬伤。种子含油量较高，可用于制肥皂和油漆。

▶ **刺芹属 Eryngium** L.

刺芹（刺芫荽）**Eryngium foetidum** L.

草本。花果期 4～12 月。广东各地均有产。通常生于低海拔的林下、路旁、沟边等湿润处。分布于中国广西、云南、贵州等省份。原产美洲热带地区，现广布于各热带及亚热带地区。

嫩叶可作蔬菜食用，也可作为食用香料。可作药用，治水肿病与蛇咬伤有良效。

▶ **水芹属 Oenanthe** L.

水芹 Oenanthe javanica（Blume）DC.

草本。花期 6～7 月，果期 8～9 月。广东各地均有产。生于湿地、水沟中，也有见于栽培。分布于中国各地。朝鲜、日本、俄罗斯、越南、印度、马来西亚、印度尼西亚、菲律宾也有分布。

嫩叶可作蔬菜食用。也可药用，有清热解毒、润肺利湿之功效。

线叶水芹（西南水芹、水芹菜）**Oenanthe linearis** Wall. ex DC.

草本。花果期 5～10 月。产于广东乳源、始兴、南雄、连山、阳山、龙门、和平、大埔、惠阳。生于林下阴湿处。分布于中国云南、四川、贵州、湖南、福建等省份。印度、印度尼西亚、缅甸、尼泊尔、越南也有分布。

嫩叶可作蔬菜食用。全草入药，有疏风清热、止痛、降压之功效。

▶ **茴芹属 Pimpinella** L.

异叶茴芹 Pimpinella diversifolia DC.

草本。花果期 5～10 月。广东各地均有产。生于山坡林下草丛中。分布于中国长江以南各省份。日本、印度、巴基斯坦、阿富汗也有分布。

叶可作蔬菜食用。果可提芳香油，作为香精原料。全草入药，有活血散瘀、消肿止痛、祛风解毒之功效。

231. 萝藦科 Asclepiadaceae

▶ **南山藤属** Dregea E. Mey.

南山藤（假夜来香、春筋藤、双根藤）**Dregea volubilis**（L. f.）Benth. ex Hook. f.

木质大藤本。花期 4～9 月，果期 7～12 月。产于广东阳江、高州、徐闻及南部沿海岛屿。生于海拔 500 米以下的山地林中，常攀缘于大树上，间有栽培于庭园中。分布于中国广西、海南、香港、台湾和贵州。印度、越南、泰国、马来西亚、印度尼西亚、菲律宾也有分布。

嫩叶可食用。全株可作药用，常用于治疗感冒、风湿关节痛、腰痛等症。茎皮纤维可作人造棉、绳索。

233. 忍冬科 Caprifoliaceae

▶ **忍冬属** Lonicera L.

大花忍冬（灰毡毛忍冬）**Lonicera macrantha**（D. Don）Spreng.

半常绿藤本。花期 4～5 月，果熟期 7～8 月。产于广东乐昌、乳源、连山、翁源、花都、从化、增城、平远、饶平、龙门、博罗、珠海、台山、广宁、阳春、怀集、封开、信宜。生于海拔 400～1 000 米的山谷、丘陵、山坡灌丛中。分布于中国广西、香港、浙江、江西、福建、台湾、湖南、四川、贵州、云南、西藏。尼泊尔、不丹、印度、缅甸也有分布。

花供药用，有清热解毒之功效。

▶ **接骨木属** Sambucus L.

接骨草（走马箭）**Sambucus javanica** Blume（*S. chinensis* Lindl.）

草本或亚灌木。花期夏季，果熟期夏秋季。广东各山区县有产。生于中低海拔的山坡林下沟边和草丛中。分布于中国广西、福建、台湾、江苏、安徽、浙江、江西、河南、湖北、湖南、四川、贵州、云南、西藏、陕西、甘肃。日本也有分布。

嫩叶可煮汤食用。全草可作药用，治跌打损伤，有祛风除湿、活血散瘀之功效。多数白色小花簇生，小浆果橘红色，具较高观赏价值。

235. 败酱科 Valerianaceae

▶ **败酱属** Patrinia Juss.

攀倒甑（白花败酱草）**Patrinia villosa**（Thunb.）Juss.

草本。花期 8～10 月，果期 9～11 月。广东中部及北部有产。生于海拔 50～1 000 米的林缘荒地灌丛和疏林中。分布于中国广西、台湾、湖北、湖南、四川、江苏、浙江、江西、安徽、河南、贵州。日本也有分布。

嫩苗可作蔬菜食用，客家地区称其为"苦斋菜"，也可作猪饲料。全草可作药用，具清热解毒、祛瘀止痛、杀虫止痒之功效。

238. 菊科 Compositae

▶ **蒿属** Artemisia L.

白苞蒿 Artemisia lactiflora Wall. ex DC.

草本。花果期 8～11 月。产于广东乐昌、阳山、阳春。生于海拔 500～900 米的林缘、路旁。分布于中国广西、香港、四川、湖北、湖南、贵州、云南、陕西、甘肃、江苏、安徽、浙江、江西、福建、台湾、河南。越南、老挝、柬埔寨、新加坡、印度、印度尼西亚也有分布。

嫩叶可作蔬菜食用。全草入药，有清热、解毒、止咳、消炎之功效。

▶ **紫菀属** Aster L.

东风菜 Aster scaber Thunb. ［*Doellingeria scaber*（Thunb.）Nees］

草本。花期 6～10 月，果期 8～10 月。产于广东乐昌、乳源、阳山、新丰、博罗、梅州、云浮。生于低海拔至中海拔地区的山谷、坡地、草地和灌丛中。分布于中国华南、华东、华中、东北、华北及四川、贵州。朝鲜、日本、俄罗斯西伯利亚地区也有分布。

嫩茎叶可供食用。全草入药，具有清热解毒、明目、利咽之功效。

▶ **鬼针草属** Bidens L.

婆婆针 Bidens bipinnata L.

草本。花期 8～10 月。产于广东乳源、和平、广州、云浮、怀集。生于路边、荒地、山地、田间。分布于中国华南、华中、华东、西南、东北、华北及陕西、甘肃。广布于美洲、亚洲、欧洲及非洲东部。

是一味药食两用的中草药。全草入药，有清热解毒、散瘀活血之功效。

▶ **沼菊属** Enydra Lour.

沼菊 Enydra fluctuans Lour.

草本。花期 11 月至翌年 4 月。产于广东台山、阳春。生于低海拔至中海拔地区的溪旁潮湿地方。分布于中国广西、云南。印度、越南、马来西亚及北美洲也有分布。

可作饲料用，也可作绿肥。

243. 桔梗科 Campanulaceae

▶ **沙参属** Adenophora Fisch.

轮叶沙参 Adenophora tetraphylla（Thunb.）Fisch.

草本。花果期 5～11 月。产于广东乐昌、乳源、英德等地。生于草地和灌丛中。分布于中国华南、西南、东北及华北。朝鲜、日本、俄罗斯及越南也有分布。

嫩茎叶可凉拌、炒食、煮食，块根可煮食。根可入药，有清热养阴、润肺止咳之功效。

▶ **桔梗属** Platycodon A. DC.

桔梗 Platycodon grandiflorus（Jacq.）A. DC.

草本。花期 7～9 月，果期 8～10 月。产于广东连州、乳源、博罗、深圳、广州等地。

生于海拔 150～900 米的山地林中。分布于中国南北各地。朝鲜、日本和俄罗斯也有分布。

根可作泡菜食用。根可入药，有止咳、祛痰、消炎、排脓之功效。花姿优美，花色华丽，有紫蓝、桃红、白色等多种颜色，可作为观赏花卉，是高级插花材料。

250. 茄科 Solanaceae

▶**茄属** Solanum L.

少花龙葵 Solanum americanum Miller

草本。花期 6～10 月，果期 7 月至翌年 1 月。产于广东乐昌、龙门、博罗、深圳、广州、罗定、阳春。生于路旁、溪旁和村边荒地等阴湿处。分布于中国华南及台湾、福建、江西、湖南等地。广布于热带及温带地区。

叶可作蔬菜食用，有清凉散热之功效，并可兼治喉痛。

251. 旋花科 Convolvulaceae

▶**马蹄金属** Dichondra J. R. Forst. et G. Forst.

马蹄金 Dichondra micrantha Urban（*D. repens* Forst.）

草本。产于广东连州、乳源、惠来、普宁、广州等地。生于海拔 800 米左右的山坡草地、路旁或沟边。分布于中国长江以南各省份。广布于全球热带亚热带地区。

全草供药用，有清热利尿、祛风止痛之功效。

252. 玄参科 Scrophulariaceae

▶**石龙尾属** Limnophila R. Br.

大叶石龙尾 Limnophila rugosa（Roth）Merr.

草本。花果期 8～11 月。产于广东乐昌、乳源、英德、翁源、龙门、大埔、惠阳、博罗、广州、珠海、高要、新兴、罗定、阳春。生于湿地边、山谷或潮湿草地等。分布于中国香港、海南、台湾、福建、湖南、云南等地。日本及南亚、东南亚也有分布。

全草具浓郁的八角茴香气，可提取芳香油，用于食品、糕点、调料等，或作甜味剂。全草入药，有清热解表、祛风除湿、止咳止痛之功效。其姿色幽雅，可作为观赏植物。

256. 苦苣苔科 Gesneriaceae

▶**半蒴苣苔属** Hemiboea Clarke

降龙草（半蒴苣苔）Hemiboea subcapitata C. B. Clarke（*H. henryi* Clarke）

草本。花期 9～10 月，果期 10～12 月。产于广东乐昌、阳山、英德、云浮、阳春、信宜等地。生于海拔 100～1 000 米的山谷林下石上或沟边阴湿处。分布于中国广西、江西、湖北、湖南、四川、贵州及陕西南部、甘肃南部、浙江南部、云南东南部。

叶可作蔬菜食用，也可作猪饲料。全草入药，可治喉痛、麻疹和烧烫伤。

263. 马鞭草科 Verbenaceae

▶ **大青属** Clerodendrum L.

赪桐 Clerodendrum japonicum（Thunb.）Sweet

灌木或小乔木。花果期 5～11 月。广东大部分地区有产。生于林下和山溪边阴湿处，亦见于旷野或村边。分布于中国长江以南各省份。印度、孟加拉国、不丹、日本及中南半岛也有分布。

全株药用，有祛风利湿、消肿散瘀之功效。花冠红色，鲜艳夺目，花期长，果蓝黑色，观赏价值高。

▶ **豆腐柴属** Premna L.

豆腐柴 Premna microphylla Turcz.

灌木。花果期 5～10 月。产于广东乐昌。生于山谷、山坡或林下。分布于中国华南、华东、华中、西南各省份。日本也有分布。

叶可制豆腐。根、茎、叶入药，清热解毒。也可作为园林观赏植物。

264. 唇形科 Labiatae

▶ **活血丹属** Glechoma L.

活血丹（特巩消、退骨草、透骨草）**Glechoma longituba**（Nakai）Kupr

草本。花期 4～5 月，果期 5～6 月。产于广东乐昌、乳源、仁化、深圳、从化、增城、高要、阳春、云浮。生于林缘、疏林、溪边等阴湿处。除青海、甘肃、新疆及西藏外，全国各地均产。俄罗斯远东地区、朝鲜也有分布。

嫩株可作蔬菜食用。全草入药，为中药材连钱草的来源植物，有利湿通淋、清热解毒、散瘀消肿之功效，治膀胱结石或尿路结石有效，外敷治跌打损伤、骨折、外伤出血、疮疖痈肿丹毒，内服可治伤风咳嗽、流感、吐血、风湿关节炎等。

▶ **薄荷属** Mentha L.

薄荷 Mentha canadensis L.

草本。花期 7～9 月，果期 10 月。产于广东乐昌、乳源、翁源、和平、龙门、大埔、惠东、惠阳、东莞、深圳、广州、高要、怀集、阳春、化州等地。生于海拔 100～1 150 米的湿地边、溪旁。分布于中国南北各省份。亚洲南部、东南部和东部以及俄罗斯远东地区、美洲北部和中部均有分布。

幼嫩茎尖可作菜食。全草可入药，治感冒发热喉痛、头痛等症。

留兰香 Mentha spicata L.

草本。花期 7～9 月。产于广东乐昌、连南、连山、新丰、和平、连平、龙门、广州、阳春等地。分布于中国广西、四川、贵州、云南、河北、江苏、浙江、新疆。原产南欧、加那利群岛、马德拉群岛、俄罗斯。

可作蔬菜或调味品食用。植株含芳香油，可用作香料。全草可入药，治感冒发热、咳嗽、伤风感冒等。

▶ **荆芥属 Nepeta** L.

心叶荆芥 Nepeta fordii Hemsl.

草本。花果期 4～10 月。产于广东乐昌、乳源、连州、阳山等地。生于庭院墙边、近村路旁以及屋边等。分布于中国四川、湖南、湖北、陕西。

嫩茎叶作蔬菜食用。叶片富含芳香油，可用于驱虫灭菌。

▶ **刺蕊草属 Pogostemon** Desf.

水珍珠菜 Pogostemon auricularius（L.）Hassk.

草本。花果期 4～11 月。产于广东和平、连平、龙门、大埔、南澳、博罗、深圳、广州、珠海、台山、高要、封开、郁南、罗定、阳江。生于海拔 100～750 米的疏林湿润处或溪边。分布于中国华南及台湾、福建、江西、云南。印度、斯里兰卡、缅甸、泰国、老挝、柬埔寨、越南、马来西亚至印度尼西亚及菲律宾也有分布。

嫩茎叶可作蔬菜食用。全草入药，有清热化湿、消肿止痛之功效。

290. 姜科 Zingiberaceae

▶ **山姜属 Alpinia** Roxb.

长柄山姜 Alpinia kwangsiensis T. L. Wu et Senjen

草本。花果期 4～6 月。产于广东英德、广州、广宁等地。生于海拔约 500 米的山谷林下阴湿处。分布于中国广西、贵州、云南。

根状茎及果实可入药，治脘腹冷痛、呃逆、寒湿吐泻等症。

益智 Alpinia oxyphylla Miq.

草本。花期 3～5 月，果期 4～9 月。产于广东惠阳、广州、深圳、阳春等地。生于林下阴湿处或栽培。分布于中国广西、海南、福建、云南等省份。

果可加工成食用凉果，也可供药用，有益脾胃、理元气之功效。

▶ **舞花姜属 Globba** L.

舞花姜 Globba racemosa Sm.

草本。花期 6～9 月。产于广东乐昌、乳源、始兴、南雄、仁化、连州、连南、连山、英德、阳山、翁源、连平、和平、信宜等地。生于林下阴湿处。分布于中国南部至西南部各省份。印度也有分布。

果实可以用来煲汤。株形优美，形态奇特，花芳香幽雅，可用于室内盆栽观赏或作切花材料。地下茎入药，可健胃消食。

▶ **姜属 Zingiber** Boehm.

蘘荷 Zingiber mioga（Thunb.）Rosc.

草本。花期 8～10 月。产于广东始兴、乳源、连州、连山、英德、新丰、龙门、和平、深圳、广州、怀集、阳春、信宜等地。生于山谷阴湿处或栽培。分布于中国广西、香港、江西、浙江、安徽、湖南、贵州。

嫩花序、嫩叶可作蔬菜食用。根茎入药，有祛风止痛、消肿、活血散瘀之功效。花果红色，具有较高的观赏价值，还可固定植被，防止水土流失。

阳荷 Zingiber striolatum Diels

多年生草本。花期 7～9 月，果期 9～11 月。产于广东乐昌、乳源、连南、英德、连平、新丰、从化、怀集、阳春、信宜等地。生于林荫下和溪边。分布于中国华南及江西、湖南、湖北、贵州、四川等地。

嫩茎、芽可作蔬菜食用。根茎可入药，有祛风止痛、清肿解毒之功效。花色清雅，花期较长，宜栽于花园、草坪及路边供观赏用。根茎可提取芳香油，用于皂用香精中。

红球姜 Zingiber zerumbet（L.）Roscose ex Sm.

草本。花期 7～9 月，果期 10 月。产于广东龙门、博罗、深圳、广州、台山、高要、云浮、阳江等地。生于林下阴湿处。分布于中国华南、云南等地。广布于亚洲热带地区。

嫩茎叶可作蔬菜食用。根茎可入药，有祛风解毒、治肚痛和腹泻之功效，可提取芳香油作调和香精原料。

293. 百合科 Liliaceae

▶**黄精属** Polygonatum Mill.

多花黄精 Polygonatum cyrtonema Hua

草本。花期 5～6 月，果期 8～10 月。产于广东乐昌、始兴、乳源、南雄、连州、连南、连山、阳山、和平、龙门、平远、蕉岭、封开。生于灌丛或山坡阴处。分布于中国广西、福建、江西、浙江、江苏、安徽、湖南、湖北、河南、贵州、四川。

药食两用，根茎为传统中草药，为中草药黄精的来源植物，有补气养阴、健脾、润肺、益肾之功效，用于治疗脾虚胃弱、体倦乏力、口干食少、精血不足。

297. 菝葜科 Smilacaceae

▶**菝葜属** Smilax L.

圆锥菝葜 Smilax bracteata C. Presl.

攀缘灌木。花期 11 月至翌年 2 月，果期 6～8 月。产于广东新兴、茂名。生于山坡林中或灌丛中。分布于中国广西、福建、台湾、贵州、云南。日本、菲律宾、越南、泰国也有分布。

根茎可入药，具有清热利湿、通利关节、消肿止痛、抗炎等功效。

302. 天南星科 Araceae

▶**魔芋属** Amorphophallus Blume ex Decne.

南蛇棒 Amorphophallus dunnii Tutcher

草本。花期 3～4 月，果 7～8 月成熟。产于广东深圳、珠海等地。生于海拔 220～800 米的林下。分布于中国广西、海南、澳门、香港、湖南、云南等省份。

可作药用，有活血化瘀、解毒消肿之功效。

▶刺芋属 Lasia Lour.

刺芋 Lasia spinosa（L.）Thwait.

草本。花期 9 月，果翌年 2 月成熟。产于广东广州、高要、阳春等地。生于田边、沟旁、阴湿草丛、竹丛中。分布于中国广西、香港、云南、台湾。孟加拉国、印度、中南半岛至印度尼西亚也有分布。

幼叶可作蔬菜食用。根茎药用，能消炎止痛、消食、健胃。

306. 石蒜科 Amaryllidaceae

▶葱属 Allium L.

薤白 Allium macrostemon Bunge

草本。花果期 5～7 月。产于广东乳源等地。生于山坡、山谷或草地上。除新疆、青海外，全国各省份均产。俄罗斯、朝鲜、日本也有分布。

鳞茎可作蔬菜食用，也可药用。

311. 薯蓣科 Dioscoreaceae

▶薯蓣属 Dioscorea L.

薯蓣 Dioscorea polystachya Turcz.

藤本。花期 6～9 月，果期 7～11 月。产于广东乐昌、乳源、仁化、深圳等地。生于山坡、疏林或灌丛中。分布于中国广西、福建、台湾、湖北、湖南、安徽、江苏、浙江、江西、贵州、云南、四川、河北、山东、河南、甘肃、陕西及东北。朝鲜、日本也有分布。

块茎为常用中药淮山药，有强壮、祛痰之功效，也可食用。

331. 莎草科 Cyperaceae

▶荸荠属 Eleocharis R. Br.

荸荠 Eleocharis dulcis（Burm. f.）Trin. ex Henschel（*E. plagineiformis* Tang et F. T. Wang）

直立草本。花果期 5～10 月。广东大部分地区有产。生于田野、湖边、湿地等有水的地方。分布于中国华南及福建、湖北、湖南、江苏、台湾等地，全国大部分地区有栽培。朝鲜、日本、越南、印度、马来西亚、马达加斯加、非洲西部、澳大利亚均有分布。

地下膨大球茎通常可食用，可以生食、熟食，也可提取淀粉，与藕及菱粉称为淀粉三魁，性寒滑，味甘凉，能益气安中。

332A. 竹亚科 Bambusoideae

▶簕竹属 Bambusa Schreb.

吊丝球竹 Bambusa beecheyana Munro［*Dendrocalamopsis beecheyana*（Munro）Keng f.］

乔木状、丛生。笋期 6～7 月，花期 9～12 月。产于广东清远、广州、四会、广宁、怀集、阳春。生于村旁。分布于中国华南及福建。

笋可供食用，笋大而肉多。竹竿可作引水管及担荷之用，亦可劈篾编结竹器，但易被虫蛀。

簕竹 Bambusa blumeana Schult. et Schult. f.（*B. stenostachya* Hack.）

大型竹种。笋期 6～9 月，花期春季。产于广东广州。多栽培或野生在海拔 300 米左右的河流两岸和村落周围。分布于中国广西、香港、福建、台湾、云南等地，栽培或野生。原产印度尼西亚（爪哇岛）和马来西亚东部，菲律宾、泰国、越南有栽培。

簕竹常栽植为防护林。竹竿可作棚架用材。

绿竹 Bambusa oldhamii Munro［*Dendrocalamopsis oldhami*（Munro）Keng f.］

乔木状、丛生。笋期 5～11 月，花期夏至秋季。产于广东英德、佛冈、广宁、怀集、阳春。分布于中国华南及浙江、福建、台湾等地。印度、缅甸、泰国、马来西亚等也有分布。

笋可供食用，笋大而肉多。竹竿可作建筑、竹编材料和造纸原料，并可加工成竹胶合板和美术工艺品。

▶ **牡竹属 Dendrocalamus** Nees

麻竹 Dendrocalamus latiflorus Munro

乔木状、丛生。产于广东乐昌、乳源、连州、阳山、清远、曲江、英德、潮州、汕头、兴宁、丰顺、广州、四会、高要、广宁、怀集、云浮、阳江、茂名等地。生于山谷、林缘。分布于中国华南及福建、台湾、四川、贵州、云南等地。越南、缅甸也有分布。

是南方栽培最广的竹种，笋味甜美。竹竿可作建筑用材、供篾用。可在园林绿地或庭园栽植，具较高的观赏价值。

▶ **刚竹属 Phyllostachys** Siebold et Zucc.

毛竹（龟甲竹）**Phyllostachys edulis**（Carr.）J. Houzeau［*P. heterocycla*（Carr.）Mitford var. *pubescens*（Mazel ex J. Houzeau）Ohwi］

乔木状、散生。笋期 4～5 月，花期 5～8 月。粤北大部分地区、龙门、阳春、广州等地有栽培或野生。生于山谷、山坡、林缘。分布于中国秦岭、汉水流域至长江流域以南和台湾，黄河流域也有多处栽培。

是栽培悠久、面积最广、经济价值最重要的竹种。笋味美，可鲜食或加工制成笋干等；竿型粗大，宜作建筑用材；篾性优良，供编织各种用具及工艺品；嫩竹及竿箨可作造纸原料。

甜笋竹 Phyllostachys elegans McClure

乔木状、散生。笋期 4 月中旬。产于广东广州等地。生于山坡、林缘。分布于中国海南、浙江、湖南等省份。美国也有分布。

笋味鲜美，是较好的笋用竹种。竿节较密，可整材使用。

紫竹 Phyllostachys nigra（Lodd.）Munro

灌木状或小乔木状、散生。笋期 4 月下旬。产于广东乐昌、深圳、广州等地。南北各地多有栽培。印度、日本及欧美许多国家均有引种栽培。

多栽培供观赏用。竹材较坚韧，供制作小型家具、手杖、伞柄、乐器及工艺品。

332B. 禾亚科 Agrostidoideae

▶**菰属**（茭笋属）**Zizania** L.

菰（茭笋）**Zizania latifolia**（Griseb.）Stapf

草本。广东大部分地区有栽培或野生。分布于中国湖北、湖南、江西、福建、台湾、河北、甘肃、陕西、黑龙江、吉林、辽宁、内蒙古。日本、俄罗斯及欧洲也有分布。

嫩茎被真菌寄生后，粗大肥嫩，类似竹笋，可作蔬菜食用。全草为优良饲料。

四、饲用及绿肥类植物

—被子植物—

17. 金鱼藻科 Ceratophyllaceae

▶ **金鱼藻属** Ceratophyllum L.

金鱼藻 Ceratophyllum demersum L.

草本。花期6～7月，果期8～10月。广东各地有产。生于池塘、河沟等水中。全世界广布。

为鱼类饲料，也可喂猪。全草药用，治内伤吐血。

39. 十字花科 Cruciferae

▶ **碎米荠属** Cardamine L.

碎米荠 Cardamine hirsuta L.

草本。花期2～4月，果期4～6月。广东各地有产。多生于海拔1 000米以下的山坡、路旁、荒地及耕地的草丛中。分布于中国各地。全球温带地区均有分布。

全草可作野菜食用，也可作饲料。也供药用，能清热祛湿。

61. 藜科 Chenopodiaceae

▶ **藜属** Chenopodium L.

藜 Chenopodium album L.

草本。花果期5～10月。产于广东乐昌、乳源、连山、连州、广州、大埔、深圳、高要。生于低海拔的路旁、旷野、田间。分布于中国各地。全世界温带至热带地区均有分布。

幼苗可作蔬菜食用，茎叶可喂家畜。全草又可入药，能止泻痢、止痒。

小藜 Chenopodium ficifolium Sm. （*C. serotinum* L.）

草本。4～5月开始开花。产于广东翁源、平远、广州、高要、高州、阳春、化州等地。生于低海拔的空旷荒地、路旁或田野。除西藏外，分布于我国各省份。亚洲和欧洲均有分布。

可全草入药，有祛湿解毒、解热、缓泻之功效。

63. 苋科 Amaranthaceae

▶ **莲子草属** Alternanthera Forsk.

喜旱莲子草（空心莲子草、水花生）**Alternanthera philoxeroides**（Mart.）Griseb.

草本。花期5～10月。广东各地有产。逸生于村边、路旁湿地。我国浙江、江西、湖南、福建、江苏、北京有引种，后逸为野生。原产巴西。

可作饲料或绿肥。全草入药，有清热利水、凉血解毒之功效。

莲子草（满天星、虾钳菜、节节花）**Alternanthera sessilis**（L.）R. Br. ex DC.

草本。花期5～7月，果期7～9月。广东各地有产。生于田边、路旁、荒地、水沟、田边或沼泽。分布于中国长江以南各省份。印度、缅甸、越南、马来西亚、菲律宾等地也有分布。

嫩叶可作野菜食用，又可作饲料。全植物入药，有散瘀消毒、清火退热之功效，治牙痛、痢疾，疗肠风、下血。

▶ **苋属** Amaranthus L.

凹头苋 Amaranthus blitum L.（*A. lividus* L.）

草本。花期7～8月，果期8～9月。产于广东乐昌、乳源、连州、连山、连南、仁化、始兴、翁源、新丰、连平、和平、龙门、阳春、广州。生于村边、路旁等荒地上。除西北外，全国广布。日本、朝鲜及欧洲、非洲、南美洲均有分布。

茎叶可作猪饲料。全草入药，能缓和止痛、收敛、利尿、解热剂。

尾穗苋 Amaranthus caudatus L.

草本。花期7～8月，果期9～10月。广东新丰、和平、连平及南澳岛、大襟岛等有栽培或逸为野生。原产热带美洲，全世界各地栽培。

可作为家畜及家禽饲料。根供药用，有滋补强壮之功效。也可供观赏。

143. 蔷薇科 Rosaceae

▶ **龙芽草属** Agrimonia L.

龙芽草（仙鹤草）**Agrimonia pilosa** Ledeb.

草本。花果期5～12月。产于广东乐昌、乳源、始兴、南雄、仁化、连州、阳山、英德、和平、蕉岭、大埔、博罗、广州、高要、阳春、怀集、广宁、郁南、罗定。生于中低海拔的山谷林中或溪边灌丛、旷野。分布于中国各省份。欧洲中部及俄罗斯、蒙古、朝鲜、日本、越南也有分布。

嫩茎叶可食，营养丰富，为上佳的野味，也可作饲料和绿肥。全草、根及冬芽入药，有收敛止血、消炎、止痢、解毒、杀虫、益气强心之功效。

146. 含羞草科 Mimosaceae

▶ **合欢属** Albizia Durazz.

合欢 Albizia julibrissin Durazz.

落叶乔木。花期6～7月，果期8～10月。产于广东乳源、广州、深圳等地。生于山坡，或栽培。分布于中国东北至华南及西南各省份。非洲、中亚至东亚均有分布，北美有栽培。

嫩叶可食，也可作饲料。常作为城市行道树、观赏树。心材黄灰褐色，边材黄白色，耐久，多用于制家具。树皮供药用，有驱虫之功效。

147. 苏木科 Caesalpiniaceae

▶ 山扁豆属 Chamaecrista Moench

山扁豆（含羞草决明）**Chamaecrista mimosoides**（L.）Greene.（*Cassia mimosoides* L.）

草本。花果期 8～11 月。产于广东乐昌、乳源、始兴、仁华、翁源、新丰、阳山、惠阳、大埔、广州、东莞、深圳、高要、怀集、封开、信宜、阳春、湛江。生于坡地或空旷地的灌丛，或生于荒地。分布于中国东南部、南部及西南部。原产美洲热带地区，现广布于世界热带、亚热带地区。

常生长于荒地上，耐旱又耐瘠，是良好的覆盖植物和改土植物，同时又是良好的绿肥。其幼嫩茎叶可以代茶。根入药可治痢疾。

148. 蝶形花科 Papilionaceae

▶ 合萌属 Aeschynomene L.

合萌 Aeschynomene indica L.

草本或亚灌木。花期 7～8 月，果期 8～10 月。产于广东南雄、连南、始兴、仁化、翁源、梅州、广州、南澳、陆丰、博罗、深圳、肇庆、新会、阳江等地。生于山地林中，以及低山区的湿润地、水田边或溪河边。全国大部分林区及其边缘均有分布。非洲、大洋洲、亚洲热带地区及朝鲜、日本均有分布。

为优良的绿肥植物。全草入药，能利尿解毒。茎髓质地轻软，耐水湿，可制遮阳帽、浮子、救生圈和瓶塞等。种子有毒，不可食用。

▶ 链荚豆属 Alysicarpus Neck. ex Desv.

柴胡叶链荚豆 Alysicarpus bupleurifolius（L.）DC.

草本。花果期 9～11 月。产于广东深圳、珠海等地。生于中低海拔的山谷或草丛中。分布于中国华南及云南、台湾。缅甸、印度、斯里兰卡、马来西亚、菲律宾、毛里求斯、波利尼西亚也有分布。

链荚豆 Alysicarpus vaginalis（L.）DC.

草本。花期 9 月，果期 9～11 月。产于广东翁源、南澳、陆丰、海丰、惠东、博罗、广州、深圳、肇庆、封开、台山、高州、阳江、廉江、吴川、徐闻等地。生于中低海拔的草坡、路旁或海边沙地。分布中国华南及西南、台湾。广布于东半球热带地区。

为良好绿肥和饲料植物。全草入药，治刀伤、骨折。

▶ 木豆属 Cajanus DC.

蔓草虫豆 Cajanus scarabaeoides（L.）Thouars

草质藤本。花期 9～10 月，果期 11～12 月。产于广东翁源、五华、惠东、饶平、广州、深圳、珠海、肇庆、郁南、台山。常生于海拔 150～1 200 米的旷野或山坡草丛中。分布于中国华南及云南、四川、贵州、福建、台湾。亚洲、大洋洲、非洲均有分布。

为优良的饲用及绿肥植物。叶片入药，有健胃、利尿之功效。

▶**毛蔓豆属 Calopogonium Desv.**

毛蔓豆 Calopogonium mucunoides Desv.

草本。花期10～11月。广东广州、徐闻等地有栽培并逸为野生。台湾、海南和广西南部、云南西双版纳有栽培，在西双版纳常逸为野生。原产南美洲的圭亚那。

为优良的绿肥、覆盖植物。

▶**刀豆属 Canavalia DC.**

小刀豆 Canavalia cathartica Thou.〔C. microcarpa（DC.）Piper〕

草质藤本。花果期3～10月。产于广东英德、翁源、梅州、南澳、惠东、博罗、广州、东莞、深圳、珠海、高要、新会、阳春、徐闻。生于海滨或河边，攀缘于石壁或灌木上。分布于中国华南及台湾。热带亚洲、大洋洲及非洲均有分布。

可作绿肥、覆盖植物及饲料。

狭刀豆 Canavalia lineata（Thunb.）DC.

草本。花期秋季。产于广东珠江口沿海岛屿等地。生于海滩、河岸或旷地。分布于中国广西、香港、浙江、福建、台湾。日本、朝鲜、菲律宾、越南及印度尼西亚均有分布。

可作绿肥、覆盖植物。

海刀豆 Canavalia rosea（Sw.）DC.〔C. maritima（Aubl.）Thou.〕

藤本。产于广东海丰、惠东、深圳、珠海、台山、电白、徐闻。蔓生于海边沙滩上或攀缘于灌丛。分布中国东南部及南部。热带海岸地区广布。

可作绿肥、覆盖植物及饲料。豆荚和种子有毒，宜慎用。

▶**猪屎豆属 Crotalaria L.**

假地蓝 Crotalaria ferruginea Grah. ex Benth.

草本。花果期6～12月。产于广东乐昌、乳源、连州、仁化、阳山、翁源、新丰、龙门、惠东、和平、蕉岭、广州、博罗、高要、怀集、封开、郁南、罗定、阳春、徐闻等地。生于中海拔的山坡疏林、山坡、荒草地。分布于中国香港、广西、江苏、安徽、浙江、江西、湖南、湖北、福建、台湾、四川、贵州、云南、西藏。印度、尼泊尔、斯里兰卡、缅甸、泰国、老挝、越南、马来西亚等地也有分布。

根茎为绿肥、牧草及水土保持植物。全草入药，可补肾、消炎、平喘、止咳，临床用于治疗目眩耳鸣、慢性肾炎、膀胱炎、慢性支气管炎等，其鲜叶捣烂可外敷治疗疮、痛肿。

假苜蓿 Crotalaria medicaginea Lamk.

草本。花果期8～12月。产于广东陆丰、珠海。生于海拔50～800米的荒地路边及沙滩上。分布于中国广西、四川、云南、台湾。马来西亚、印度、缅甸、泰国、尼泊尔、越南等地也有分布。

猪屎豆 Crotalaria pallida Ait.

草本。花果期9～12月。产于广东英德、广州、博罗、深圳、东莞、珠海、高要、封开、云浮、德庆、阳江、茂名等地。生于海拔50～900米的河床地、堤岸边、荒山草地及沙质土壤中。分布于中国华南及福建、台湾、四川、云南、山东、浙江、湖南。美洲、非洲、亚洲热带和亚热带地区也有分布。

根茎为绿肥及水土保持植物。全草可供药用，有散结、清湿热之功效。

吊裙草（凹叶猪屎豆、凹叶野百合）**Crotalaria retusa** L.

直立草本。花果期 10 月至翌年 4 月。产于广东龙川、惠东、海丰、广州、深圳、东莞、珠海、台山、徐闻。生于低海拔的荒山草地及海滨沙滩。中国海南、湖南有栽培并逸为野生。美洲、非洲、大洋洲热带和亚热带地区及亚洲的印度、马来西亚、斯里兰卡、缅甸、越南等地也有分布。

花色鲜艳，盛开之时，犹如百合花点缀其中，又因其花冠垂下，恰似玲珑的裙子，故名"吊裙草"。药用可祛风除湿、消肿止痛，治风湿麻痹、关节肿痛等。因其喜欢生长在沙质土壤之中，是较好的水土保持植物。

▶**假木豆属 Dendrolobium**（Wight et Arn.）Benth.

假木豆 Dendrolobium triangulare（Retz.）Schindl.

灌木。花期 8～10 月，果期 10～12 月。产于广东广州、肇庆、新兴、郁南。生于中低海拔的沟边荒草地、山坡灌丛中。分布于中国华南及贵州、云南、台湾等地。印度、斯里兰卡、缅甸、泰国、越南、老挝、柬埔寨、马来西亚及非洲也有分布。

假木豆肥效快，属优质绿肥，也可作饲料用，喂饲家畜可口性较好。根入药，有强筋骨之功效。

▶**山蚂蝗属 Desmodium Desv.**

假地豆 Desmodium heterocarpon（L.）DC.

小灌木或亚灌木。花期 7～10 月，果期 10～11 月。广东各地有产。生于山坡草地、水旁、灌丛或林中。分布于中国长江以南各省份，西至云南，东至台湾。印度、斯里兰卡、缅甸、泰国、越南、柬埔寨、老挝、马来西亚、日本及太平洋群岛、大洋洲也有分布。

覆盖性好，可作饲料用。全株供药用，治跌打损伤、蛇伤。

异叶山蚂蝗 Desmodium heterophyllum（Willd.）DC.

草本。花果期 7～10 月。产于广东龙门、蕉岭、大埔、平远、陆丰、惠阳、惠东、广州、高要、新兴、台山、德庆、封开、茂名、徐闻等地。生于海拔 250～500 米的河边、田边或草地。分布于中国华南及安徽、福建、江西、云南、台湾。印度、尼泊尔、斯里兰卡、缅甸、泰国、越南及太平洋群岛和大洋洲也有分布。

三点金 Desmodium triflorum（L.）DC.

草本。花果期 6～10 月。广东大部分地区有产。生于低海拔的草地、路旁或河边。分布于中国华南及台湾、浙江、福建、江西、云南等地。印度、斯里兰卡、尼泊尔、缅甸、泰国、越南、马来西亚及太平洋群岛、大洋洲和美洲热带地区也有分布。

全草入药，有解表、消食之功效。

绒毛山蚂蝗 Desmodium velutinum（Willd.）DC.

小灌木或亚灌木。花果期 9～11 月。产于广东惠东、深圳、新兴、阳春、郁南。生于海拔 100～700 米的丘陵向阳的草坡、溪边或灌丛中。分布于中国华南及贵州、云南、台湾。热带非洲及印度、斯里兰卡、缅甸、泰国、越南、马来西亚也有分布。

嫩枝叶富含蛋白质，适口性好，可作牲畜饲料。

▶ **木蓝属** Indigofera L.

深紫木蓝 Indigofera atropurpurea Buch. -Ham. ex Hornem.

灌木或小乔木。花期 5～9 月，果期 8～12 月。产于广东乐昌、乳源、始兴、翁源、清远、广州、梅州。生于海拔 300～1 300 米的山坡路旁灌丛中、山谷疏林中及路旁草坡和溪沟边。分布于中国广西、江西、福建、湖北、湖南、四川、贵州、云南、西藏等省份。越南、缅甸、尼泊尔、印度等地也有分布。

为饲用及绿肥植物。根入药，可治风寒暑湿、疟疾。

庭藤 Indigofera decora Lindl.

灌木。花期 4～6 月，果期 6～10 月。产于广东乳源、乐昌、连州、连山、连南、连平、始兴、仁化、英德、阳山、翁源、新丰、广州、和平、饶平、深圳、怀集等地。生于中低海拔的溪边、沟谷旁或灌丛中。分布于中国广西、江苏、江西、贵州、河南、湖北、安徽、浙江、福建等地。日本也有分布。

宜昌木蓝 Indigofera decora Lindl. var. **ichangensis**（Craib.）Y. Y. Fang et C. Z. Zheng

灌木。产于广东乳源、阳山、南雄、龙川、蕉岭。生于灌丛或杂木林中。分布于中国广西、安徽、浙江、江西、福建、湖北、湖南、贵州。

密果木蓝 Indigofera densifructa Y. Y. Fang et C. Z. Zheng

灌木。花期 6～7 月，果期 6～8 月。产于广东乐昌。生于海拔 700 米左右的河岸及湿润山坡地。分布于中国广西、湖南、贵州等省份。

黑叶木蓝 Indigofera nigrescens Kurz ex King et Prain

直立灌木。花期 6～9 月，果期 9～10 月。产于广东乐昌、乳源、连州、连南、仁化、翁源、新丰、和平、怀集。生于海拔 500～1 500 米的山坡灌丛、山谷疏林，以及草坡、荒野等。分布于中国广西、浙江、江西、福建、台湾、湖北、湖南、四川、贵州、云南、西藏、陕西等地。印度、缅甸、泰国、老挝、越南、菲律宾及印度尼西亚的爪哇也有分布。

三叶木蓝 Indigofera trifoliata L.

草本。花期 7～9 月，果期 9～10 月。产于广东乳源、乐昌、连州、阳山、英德、广州、饶平、罗定。生于中海拔的山坡草地、田边、荒野。分布于中国海南、广西、四川、云南。越南、缅甸、印度尼西亚、菲律宾、尼泊尔、斯里兰卡、印度、巴基斯坦、澳大利亚也有分布。

尖叶木蓝 Indigofera zollingeriana Miq.

亚灌木。花期 6～9 月，果期 10～11 月。产于广东曲江、广州、深圳、肇庆。生于山坡路旁、旷野、池塘边或疏林下。分布于中国海南、广西、台湾、云南。越南、老挝、菲律宾、印度尼西亚的爪哇及马来半岛也有分布。

▶ **野豌豆属** Vicia L.

广布野豌豆 Vicia cracca L.

草本。花果期 5～9 月。产于广东乳源、广州、肇庆。生于山坡草甸、荒野、河滩、溪边、灌丛、林缘。中国大部分省份有分布。欧亚、北美也有分布。

为水土保持和绿肥类植物。嫩时牛羊等牲畜喜食。花期早春为蜜源植物之一。

小巢菜 Vicia hirsuta（L.）S. F. Gray

草本。花果期 2～7 月。产于广东乐昌、曲江、广州。生于海拔 200～1 500 米的山沟、河滩、田边和路旁草丛。分布于中国华东、华中、西南及广西、香港、陕西、甘肃、青海等地。北美、北欧及俄罗斯、日本、朝鲜也有分布。

本种为绿肥及饲用植物，牲畜喜食。全草入药，有活血、平胃、明目、消炎等功效。

救荒野豌豆 Vicia sativa L.

草本。花期 4～7 月，果期 7～9 月。广东大部分地区有栽培或野生。生于海拔 50～1 000 米的山坡、荒地、田边草丛及林中。中国各地均产。原产欧洲南部、亚洲西部，现已广为栽培。

为绿肥及优良牧草。全草药用，有清热利湿、活血祛瘀之功效。花果期及种子有毒。

169. 荨麻科 Urticaceae

▶**苎麻属** Boehmeria Jacq.

野线麻（大叶苎麻、长穗苎麻）**Boehmeria japonica** Miq.（*B. longispica* Steud.）

亚灌木或草本。花期 6～9 月。产于广东乳源、乐昌、连州、连山、阳山、翁源、新丰、从化、龙门、和平、蕉岭等地。生于低海拔的丘陵或灌丛、疏林、田边。分布于中国广西、江西、湖南、湖北、安徽、四川、贵州、河南、陕西、山东。日本也有分布。

叶供药用，可清热解毒、消肿、治疥疮。叶片也可作猪饲料。茎皮纤维可代麻，供纺织麻布用。

238. 菊科 Compositae

▶**鼠麹草属** Gnaphalium L.

多茎鼠麹草 Gnaphalium polycaulon Pers.

草本。花期 1～4 月。产于广东博罗、惠阳、梅州、汕头、海丰、陆丰、茂名、阳春及沿海岛屿。生于耕地、草地或荒野、路边。分布于中国香港、福建、贵州、云南、浙江。埃及、印度、泰国、澳大利亚、非洲也有分布。

▶**泥胡菜属** Hemistepta Bunge

泥胡菜 Hemistepta lyrata（Bunge）Bunge

草本。花果期 5～8 月。产于广东乐昌、深圳、广州、肇庆、阳春等地。生于低海拔的山坡、林缘、河岸边、荒地、田间、路旁等。分布于中国华南及湖南、云南、福建、江西、湖北、江苏。朝鲜、日本、中南半岛、澳大利亚也有分布。

可作饲用或绿肥。全草可入药，能消肿散结、清热解毒，治乳腺炎、颈淋巴结炎、痈肿疔疮、风疹瘙痒。

▶**苦荬菜属** Ixeris（Cass.）Cass.

黄瓜菜（苦荬菜）**Ixeris denticulata**（Houtt.）Stebb. ［*Paraixeris denticulata*（Houtt.）Nakai.］

草本。花果期 3～6 月。产于广东乐昌、乳源、始兴、仁化、连州、连山、阳山、翁源、蕉岭、龙门、惠东、广州、深圳、珠海、台山、怀集等地。生于海拔 500～1 200 米的山地、路旁。分布于中国广西、香港、湖南、福建、江西、云南、四川、贵州、辽宁、陕西、浙江、安徽、河北、山东。

嫩茎叶可作鸡或鸭饲料，全株可作猪饲料。全草入药，有清热解毒、祛腐化脓、止血生肌之功效，可治疗疮、无名肿毒、子宫出血等症。

▶ **拟鼠麹草属** Pseudognaphalium Kirp.

宽叶拟鼠麹草（宽叶鼠麹草）**Pseudognaphalium adnatum**（DC.）Y. S. Chen［*Gnaphalium adnatum*（Wall. ex DC.）Kitam］

粗壮草本。花期 8～10 月。产于广东乐昌、乳源、仁化、连州、连山、连南、阳山、英德、紫金、惠阳、罗定、阳春、封开、茂名。生于中低海拔的山坡、路旁或灌丛。分布于中国广西、台湾、福建、江苏、浙江、江西、湖南、贵州、云南、四川。中南半岛、印度也有分布。

▶ **翅果菊属** Pterocypsela Shih

翅果菊（山莴苣）**Pterocypsela indica**（L.）Shih

草本。产于广东乐昌、乳源、始兴、南雄、仁化、连南、阳山、翁源、和平、龙门、博罗、广州、珠海、台山、阳江、怀集、茂名、徐闻。生于海拔 500～900 米的田边、荒野、路边。分布于中国广西、湖南、福建、江西、湖北、贵州、台湾、山西、新疆。俄罗斯东西伯利亚及远东地区、日本、菲律宾、印度尼西亚与印度也有分布。

可作为家畜禽和鱼的优良饲料及饵料。嫩茎叶可作蔬菜食用。根或全草可入药。

251. 旋花科 Convolvulaceae

▶ **打碗花属** Calystegia R. Br.

打碗花 Calystegia hederacea Wall.

草本。花果期 5～9 月。产于广东高要等地。生于农田、荒地或路旁草丛中。分布于中国各地。东非及亚洲南部、东部以及马来西亚也有分布。

嫩茎叶可食。根可作药用，有调经活血、滋阴补虚之功效。

266. 水鳖科 Hydrocharitaceae

▶ **水筛属** Blyxa Thou. ex Rich.

无尾水筛 Blyxa aubertii Rich.

草本。花果期 5～9 月。产于广东乐昌、英德、惠东、肇庆、阳春、信宜等地。生于水田、水沟、沟渠中。分布于中国华南及台湾、福建、江西、浙江、湖南、云南、四川。马达加斯加、印度、马来西亚、澳大利亚也有分布。

全草可作鱼饲料，也可作绿肥。植株可供造景观赏用。

有尾水筛 Blyxa echinosperma（C. B. Clarke）Hook. f.

草本。花果期 6～10 月。产于广东肇庆等地。生于水田、沟渠中。分布于中国广西、台湾、福建、江西、安徽、江苏、湖南、陕西、贵州、四川。印度、斯里兰卡、缅甸、越南、马来西亚、菲律宾、印度尼西亚、日本、朝鲜、澳大利亚也有分布。

可作绿肥。全草可入药，有清热解毒、利湿之功效。

水筛 Blyxa japonica（Miq.）Maxim.

草本。花果期 5～10 月。产于广东广州、肇庆、阳春等地。生于水田、池塘和水沟中。分布于中国华南及台湾、福建、江西、浙江、安徽、江苏、湖南、湖北、辽宁、四川。印度、孟加拉国、尼泊尔、马来西亚、朝鲜、日本、意大利和葡萄牙也有分布。

全草可作为鱼饵及猪、鸭饲料，也可作绿肥。植株可作为水景观赏植物。

280. 鸭跖草科 Commelinaceae

▶**鸭跖草属 Commelina** L.

鸭跖草 Commelina communis L.

草本。广东大部分地区有产。生于海拔 200～1 300 米的河边、溪旁等。分布于中国云南、四川、甘肃以东的南北各省份。越南、朝鲜、日本、俄罗斯远东地区以及北美也有分布。

可用作饲料、绿肥。药用可消肿利尿、清热解毒，对睑腺炎、咽炎、扁桃腺炎、蝮蛇咬伤有良效。

▶**水竹叶属 Murdannia** Royle

水竹叶 Murdannia triquetra（Wall. ex C. B. Clarke）Brückn.

草本。花期 9～10 月，果期 10～11 月。产于广东连州、阳山、翁源、连平、大埔、博罗、广州、南海、高要等地。生于水稻田边、溪边等潮湿地。分布于中国海南、广西、台湾、福建、江西、浙江、安徽、湖南、湖北、河南、陕西、贵州、云南、四川。印度、越南、老挝、柬埔寨也有分布。

可用作饲料、绿肥。幼嫩茎叶可供食用。全草药用有清热解毒、利尿消肿之功效，可治蛇虫咬伤。

331. 莎草科 Cyperaceae

▶**莎草属 Cyperus** L.

异型莎草 Cyperus difformis L.

草本。花果期 7～10 月。广东大部分地区有产。常生于稻田中或水边潮湿。分布于中国大部分地区。俄罗斯、日本、朝鲜、印度及喜马拉雅山区、非洲、中美洲也有分布。

碎米莎草 Cyperus iria L.

草本。花果期 6～10 月。广东大部分地区有产。分布于中国大部分地区。俄罗斯远东地区、朝鲜、印度、日本、越南、伊朗、澳大利亚、非洲北部以及美洲也有分布。

▶**荸荠属 Eleocharis** R. Br.

野荸荠 Eleocharis plantagineiformis T. Tang et F. T. Wang

草本。产于广东连州、英德、新丰、龙门、从化、广州等地。生于池塘、溪边等湿地。分布于中国广西、湖南、福建。

可用作饲料和绿肥，也是水田多年生恶性杂草。

▷ 飘拂草属 Fimbristylis Vahl

水虱草（日照飘拂草）**Fimbristylis littoralis** Grandich ［*F. millacea*（L.）Vahl］

草本。花果期7～10月。产于广东乳源、连南、连州、龙门、蕉岭、封开、茂名、东莞等地。生于河边、田边等潮湿处。分布于中国东部、南部各省份。日本、朝鲜、印度、斯里兰卡、缅甸、老挝、柬埔寨、越南、澳大利亚及波利尼西亚也有分布。

332B. 禾亚科 Agrostidoideae

▷ **荩草属** Arthraxon P. Beauv.

荩草 Arthraxon hispidus（Thunb.）Makino.

草本。花果期9～11月。产于广东乐昌、乳源、连州、阳山、和平、广州、台山、高要、封开、阳春、罗定、郁南。生于山坡草地阴湿处。遍布全国各地。欧、亚、非大陆的温暖区域广泛分布。

优良野生牧草，牛、马、羊均喜采食。茎叶也可供药用，可治久咳、洗疮毒。

▷ **野古草属** Arundinella Raddi

毛秆野古草 Arundinella hirta（Thunb.）Tanaka

草本。花果期8～10月。产于广东始兴、乳源、连州、连南、阳山、博罗、广州、封开等地。生于山坡草丛中。分布于中国广西、安徽、江苏、浙江、福建、江西、湖南、四川等地。朝鲜、日本也有分布。

幼嫩植株可用作饲料。根茎密集，可固堤，也可作造纸原料。

▷ **芦竹属** Arundo L.

芦竹 Arundo donax L.

草本。花果期9～12月。产于广东英德、南澳、深圳、东莞、广州、新会、台山、郁南、阳春等地。生于河岸、溪旁、水沟边。分布于中国华南及安徽、台湾、四川、云南、贵州、湖南、江西、福建、浙江、江苏等地。亚洲、非洲、大洋洲热带地区广布。

幼嫩枝叶的粗蛋白质含量高，是牲畜的良好青饲料。茎纤维长，纤维素含量高，是制优质纸浆和人造丝的原料。秆可制成管乐器中的簧片。

▷ **孔颖草属** Bothriochloa Kuntze

孔颖草 Bothriochloa pertusa（L.）A. Camus

草本。花果期7～10月。产于广东广州、东莞、高要等地。生于山坡草丛中、海边。分布于中国香港、四川、云南等地。印度也有分布。

植株可用作绿肥。

▷ **臂形草属** Brachiaria（Trin.）Griseb.

四生臂形草 Brachiaria subquadripara（Trin.）Hitchc.

草本。花果期9～11月。产于广东深圳、东莞、广州、肇庆等地。生于丘陵草地、沙丘、田野、水边或疏林下。分布于中国华南及湖南、福建、台湾、江西等。亚洲热带地区和大洋洲均有分布。

秆叶柔软，适口性好，营养价值较高，牛羊极喜食，为优良牧草和饲料。也可作绿肥。

毛臂形草 Brachiaria villosa（Lam.）A. Camus

草本。花果期 7～10 月。产于广东乐昌、始兴、阳山、南澳、海丰等地。生于荒野、丘陵或山坡草地。分布于中国广西、安徽、江西、浙江、湖南、湖北、云南、四川、贵州、福建、台湾、河南、陕西、甘肃等地。亚洲东南部也有分布。

▶**拂子茅属 Calamagrostis** Adans.

拂子茅 Calamagrostis epigeios（L.）Roth

草本。花果期 5～9 月。产于广东乳源、始兴、清远等地。生于潮湿草地及湖边、沟渠旁。分布于中国各地。欧亚大陆温带地区皆有。

为牲畜喜食的牧草。其根茎顽强，抗盐碱，又耐高湿，是固沙护岸的良好植被。

▶**细柄草属 Capillipedium** Stapf

细柄草 Capillipedium parviflorum（R. Br.）Stapf

草本。花果期 8～12 月。产于广东乐昌、乳源、始兴、连州、阳山、龙门、蕉岭、五华、大埔、汕尾、惠阳、河源、深圳、广州、高要、封开、罗定、郁南、阳春、徐闻等地。生于山坡草地、河边灌丛、荒野中。分布于中国华南、华东、华中以及西南地区。广布于欧、亚、非大陆的热带与亚热带地区。

植株可用作饲料或绿肥。

▶**酸模芒属 Centotheca** Desv.

酸模芒（假淡竹叶）**Centotheca lappacea**（L.）Desv.

草本。花果期 6～10 月。产于广东惠阳、惠东、深圳、珠海、阳江、茂名等地。分布于中国华南各省份。热带非洲及澳大利亚、印度、马来西亚均有分布。

植株可用作绿肥。

▶**虎尾草属 Chloris** Sw.

孟仁草 Chloris barbata Sw.（*C. inflata* Link）

一年生直立草本。花果期 3～7 月。产于广东惠阳、惠东、深圳、珠海、阳江、电白、高州、雷州、徐闻及沿海诸岛。生于旷地荒野、海边沙地。分布于中国海南、香港。东南亚地区也有分布。

植株可用作绿肥。

台湾虎尾草 Chloris formosana（Honda）Keng

草本。花果期 8～10 月。产于广东惠阳、惠东、深圳、珠海、东莞、阳江、湛江、高州、雷州、徐闻、茂名及沿海诸岛。生于海边沙地上。分布于中国香港、海南、福建、台湾等。东南亚热带地区也有分布。

植株可用作绿肥。

虎尾草 Chloris virgata Sw.

草本。花果期 6～10 月。产于广东龙门、广州等地。生于荒野、路旁、河岸沙地、土质墙壁上。遍布全国各省份。全球热带至温带均有分布。

可作为牲畜牧草食用，也可用作绿肥。

▶**薏苡属 Coix** L.

薏苡 Coix lacryma-jobi L.

草本。花果期 6～12 月。广东大部分地区有产。多生于湿润的屋旁、池塘、河沟、山谷、溪涧或农田等地，野生或栽培。分布于中国华南、华中、华东、西南、东北等地区。广布于世界温暖地区，栽培或逸生。

是优良的牲畜饲料，也可用作绿肥。果实可作为念佛穿珠用的菩提珠子，工艺价值高。药用有健脾胃、补肺气、祛风湿、行水气、镇静之功效。

▶**香茅属 Cymbopogon** Spreng.

橘草 Cymbopogon goeringii（Steud.）A. Camus

草本。花果期 7～10 月。产于广东连南、惠东、深圳、广州、高要、阳东、阳西、阳春、电白、高州、雷州、徐闻等地。生于山坡草地。分布于中国华中、华东及香港、海南、河北、山东等地。日本和朝鲜南部也有分布。

青香茅 Cymbopogon mekongensis A. Camus

草本。花果期 7～9 月。产于广东海丰、陆丰、惠阳、惠东、博罗、广州、深圳、中山、阳江、高要、徐闻等地。生于开旷干旱草地上，也见于沿海地区。分布于中国华南及湖南、云南、四川、贵州、浙江等地。老挝、泰国和越南也有分布。

可作牧草供牛羊饲用。植株中含芳香油，常作香水原料。

扭鞘香茅 Cymbopogon tortilis（J. Presl）A. Camus［*C. hamatulus*（Nees ex Hook. et Arn.）A. Camus］

草本。花果期 7～10 月。产于广东乐昌、连州、阳山、英德、南澳、饶平、汕尾、大埔、河源、惠阳、广州、深圳、台山、封开、云浮、徐闻。生于山坡草地、丘陵。分布于中国华南及湖北、安徽、江西、台湾、云南等地。也分布于太平洋岛屿、越南、菲律宾及马鲁古群岛。

▶**狗牙根属 Cynodon** Rich.

狗牙根 Cynodon dactylon（L.）Pers.

草本。花果期 5～10 月。广东大部分地区有产。生于路旁、河岸、荒地山坡。广布于中国黄河以南各省份。世界热带和暖温带地区广布。

根茎可作为饲料喂猪，牛、马、兔、鸡等喜食其叶。全草可入药，有清血、解热、生肌之功效。也是良好的固堤保土、绿化植物。

▶**马唐属 Digitaria** Haller

升马唐 Digitaria ciliaris（Retz.）Koel.

草本。花果期 5～10 月。广东大部分地区有产。生于路旁、荒野、荒坡。分布于中国南北各省份。世界热带、亚热带地区广布。

是一种优良牧草，也是果园、旱田中危害庄稼的主要杂草。

毛马唐 Digitaria ciliaris var. chrysoblephara（Fig. et De Not.）R. R. Stewart（*D. chrysoblephara* Fig.）

草本。花果期 6～10 月。产于广东深圳、珠海。生于路边、田野。分布于中国海南、香港、山西、河南、安徽、江苏、陕西、福建、山东等省份。全世界亚热带和温带地区广布。

可作为牧草，也是果园、旱田中危害庄稼的主要杂草。

纤维马唐 Digitaria fibrosa（Hack.）Stapf

草本。花果期 5～8 月。产于广东乐昌及珠江口岛屿。生于山坡草地。分布于中国香港、广西、云南、福建、四川等。缅甸、泰国也有分布。

长花马唐 Digitaria longiflora（Retz.）Pers.

草本。花果期 4～10 月。产于广东乐昌、英德、深圳、广州、高要、阳春、茂名、遂溪、徐闻等地。生于田边、草地、荒地。分布于中国华南及湖南、江西、福建、台湾、云南、贵州、四川等地。东半球热带、亚热带地区也有分布。

马唐 Digitaria sanguinalis（L.）Scop.

草本。花果期 6～10 月。产于广东乐昌等地。生于山坡草地、路旁、田野、荒地、河边。分布于中国华南、华东、华中、西南、西北及华北地区。广布于全球的温带和亚热带地区。

是一种优良牧草，但又是危害农田、果园的杂草。

紫马唐 Digitaria violascens Link.

草本。花果期 7～11 月。产于广东乐昌、乳源、翁源、河源、博罗、广州、深圳、云浮、阳春、信宜、化州、遂溪等地。生于山坡、丘陵、草地、路边、荒地。分布于中国华南、华东、华中、西南、西北及华北地区。美洲及亚洲的热带地区皆有分布。

▶ **画眉草属 Eragrostis Wolf**

鼠妇草 Eragrostis atrovirens（Desf.）Trin. ex Steud.

草本。夏秋抽穗。产于广东乐昌、惠阳、龙门、深圳、东莞、广州、高要、怀集、阳春等地。生于路边、溪旁、山坡。分布于中国华南及福建、云南、贵州、四川等。亚洲热带和亚热带地区广布。

植株抽穗前牛、羊喜食。全草药用可清热利湿。

大画眉草 Eragrostis cilianensis（All.）Vignolo-Lutati ex Janchen

草本。花果期 7～10 月。产于广东乐昌、乳源、连山等地。生于荒野、草地上。分布于全国各地。遍及世界热带和温带地区。

知风草 Eragrostis ferruginea（Thunb.）Beauv.

草本。花果期 8～12 月。产于广东乳源、东莞、广州等地。生于路边、山坡草地。分布于中国南北各省份。朝鲜、日本及东南亚也有分布。

牛虱草 Eragrostis unioloides（Retz.）Nees. ex Steud.

一年生草本。花果期 8～10 月。广东大部分地区有产。生于荒山、草地、路旁、河岸、村边等。分布于中国华南及云南、江西、福建、台湾等地。亚洲和非洲的热带地区也有分布。

▶ **蜈蚣草属 Eremochloa** Buse

蜈蚣草 Eremochloa ciliaris（L.）Merr.

草本。花果期夏秋季。产于广东乐昌、乳源、连州、英德、博罗、广州、惠东、惠阳、陆丰、海丰、深圳、东莞、高要等地。生于林缘、山坡、丘陵、路旁草丛中。分布于中国华南及福建、云南、贵州等。印度及中南半岛也有分布。

假俭草 Eremochloa ophiuroides（Munro）Hack.

草本。花果期夏秋季。产于广东乐昌、清远、龙门、博罗、惠东、深圳、广州、珠海、高要、台山、阳江、遂溪、高州、徐闻。生于河边、潮湿草地、路旁。分布于中国华南及江苏、浙江、安徽、湖北、湖南、福建、台湾、贵州。中南半岛也有分布。

匍匐茎强壮，蔓延力强而迅速，可作饲料，或用于保土护堤。

▶ **耳稃草属 Garnotia** Brongn.

耳稃草 Garnotia patula（Munro）Benth.

草本。花果期 8～12 月。产于广东乐昌、清远、蕉岭、博罗、广州、高要、怀集、封开、罗定、郁南、信宜、阳春。生于林下、山谷和湿润的田野路旁。分布于中国华南及福建。中南半岛也有分布。

▶ **牛鞭草属 Hemarthria** R. Br.

扁穗牛鞭草 Hemarthria compressa（L. f.）R. Br.

草本。花果期夏秋季。产于广东乳源、始兴、曲江、英德、连平、惠阳、龙门、广州、高要、阳春、茂名等地。生于田边、路旁湿润处。分布于中国华南及湖南、江西、云南、贵州、四川。印度、中南半岛各国也有分布。

叶量丰富，适口性好，是牛、羊、兔的优质饲料。

▶ **黄茅属 Heteropogon** Pers.

黄茅 Heteropogon contortus（L.）P. Beauv. ex Roem. et Schult.

草本。花果期 4～12 月。产于广东乐昌、乳源、南雄、曲江、清远、五华、南澳、海丰、深圳、东莞、广州、珠海、高要、封开、阳春、徐闻等地。生于路旁、山坡草地。分布于中国华南、华中、华东、西南及陕西、新疆。全球温暖地区广布。

嫩时牲畜喜食，但至花果期小穗的芒及基盘危害牲畜。秆可供造纸、编织用。

▶ **白茅属 Imperata** Cyrillo

丝茅（茅根、白茅）**Imperata koenigii**（Retz.）P. Beauv.

草本。广东各地有产。生于谷地河床至干旱草地、荒地、田野、空旷地、堤岸等。分布于中国华南、华东、华中、西南及陕西等地。东半球热带和温带地区有分布。

茎叶牲畜喜食，秆为造纸的原料。入药为利尿剂、清凉剂。根状茎味甜可食。

▶ **假稻属 Leersia** Soland. ex Sw.

李氏禾（六蕊、假稻、蓉草）**Leersia hexandra** Sw.

草本。花果期 6～10 月。产于广东深圳、东莞、珠海、广州、阳春等地。生于水边、湿地、沼泽中。分布于中国华南、西南及福建、台湾。全世界热带地区广布。

▶ **莠竹属 Microstegium Nees**

刚莠竹 Microstegium ciliatum（Trin.）A. Camus

草本。花果期 9～12 月。广东中部和东部有产。生于林缘、溪谷、沟边湿地。分布于中国华南及湖南、江西、福建、台湾、云南、四川等地。印度、缅甸、泰国、印度尼西亚、马来西亚也有分布。

是一种优良牧草，秆叶柔嫩，牛、羊、马均喜食。叶片宽大繁茂，质地柔嫩，产量高，为家畜的优质饲料。

柔枝莠竹 Microstegium vimineum（Trin.）A. Camus

草本。花果期 8～11 月。产于广东乐昌、乳源、广州、怀集等地。生于林缘、阴湿草地。分布于中国广西、河南、山西、湖南、福建、云南、贵州、四川、河北等地。印度、缅甸、菲律宾、日本、朝鲜也有分布。

可作饲料或造纸。

▶ **雀稗属 Paspalum L.**

两耳草 Paspalum conjugatum Berg.

草本。花果期 5～9 月。广东中部、西部有产。生于田野、林缘、潮湿草地。分布于中国华南及台湾、云南。全世界热带及温暖地区广布。

叶、茎柔嫩多汁，是一种优良饲草，马、牛和羊均喜食其青草或干草。

圆果雀稗 Paspalum scrobiculatum L. var. **orbiculare**（G. Forst.）Hack.（*P. orbiculare* Forst.）

草本。花果期 6～11 月。广东大部分地区有产。生于低海拔的荒坡、草地、路旁、溪边、田野。分布于中国香港、广西、云南。亚洲东南部至大洋洲广布。

草质甜，营养价值高，适口性好，为草食性鱼类的理想饲料之一。

▶ **囊颖草属 Sacciolepis Nash**

囊颖草 Sacciolepis indica（L.）A. Chase

草本。花果期 7～11 月。广东大部分地区有产。生于山地、林下、灌丛、沙地、湿地、稻田边等地。分布于中国华南、华东、西南各省份。印度至日本及大洋洲也有分布。

鼠尾囊颖草 Sacciolepis myosuroides（R. Br.）A. Camus

草本。产于广东阳山、陆丰、深圳、东莞、广州、高要、封开、郁南、信宜等地。生于湿地、稻田边。分布于中国华南、西南地区。亚洲热带和大洋洲广布。

五、经济类植物

经济类植物主要包括桑类、纤维类、染料类、橡胶类、油料类、调料类。

—被子植物—

3. 五味子科 Schisandraceae

▶**南五味子属 Kadsura** Kaempf. ex Juss.

南五味子 Kadsura longipedunculata Finet et Gagnep.

藤本。花期6～9月，果期9～12月。广东各山区县有产。生于海拔1 000米以下的山坡、山谷林中。分布于中国海南、广西、江苏、安徽、浙江、江西、福建、湖北、湖南、四川、云南。

茎、叶、果实可提取芳香油。茎皮可作绳索。全草可入药，种子为滋补强壮剂和镇咳药，可治神经衰弱、支气管炎等。

11. 樟科 Lauraceae

▶**樟属 Cinnamomum** Schaeff.

毛桂（三条筋、山桂枝、香沾树）**Cinnamomum appelianum** Schewe

乔木。花期4～6月，果期6～8月。产于广东乐昌、乳源、连山、阳山、英德、翁源、新丰、连平、和平、龙门、深圳、广州、肇庆、郁南。生于山地林中。分布于中国广西、湖南、贵州、四川、江西、云南。

木材作一般用材，并可作造纸糊料。树皮可代肉桂入药。

华南桂（华南樟、肉桂、野桂皮）**Cinnamomum austrosinense** H. T. Chang

乔木。花期6～8月，果期8～10月。产于广东连州、龙门、从化、大埔、封开。生于山地林中。分布于中国广西、江西、福建、浙江、贵州。

枝、叶、果及花梗可蒸取桂油，桂油可作轻化工业及食品工业原料。叶研粉，作熏香原料。树皮作桂皮入药，功效同肉桂皮；果实入药治虚寒胃痛。

樟（小叶樟、樟木子）**Cinnamomum camphora**（L.）Presl

大乔木。夏季开出黄绿色的花朵，秋季至冬初为果熟期。广东大部分地区有产。常生于山坡、沟谷中或村庄附近。分布于中国长江以南各省份。越南、朝鲜、日本也有分布。

木材及根、枝、叶可提取樟脑和樟油，供医药及香料工业用。根、果、枝和叶入药，有祛风散寒、强心镇痉和杀虫之功效。木材可作为造船、橱箱和建筑等用材。植株抗二氧化硫、臭氧、烟尘污染能力强，能吸收多种有毒气体，较抗风，树枝坚韧，是优良的庭园观赏和园林绿化树种。

沉水樟（台湾牛樟、黄樟树）**Cinnamomum micranthum**（Hay.）Hay.

乔木。花期 7～9 月，果期 9～10 月。产于广东乐昌、乳源、连州、连山、连南、和平、连平、龙门、高要、信宜。生于山地林中。分布于中国广西、湖南、江西、福建。越南北部也有分布。

根、枝、叶可提取芳香油。木材纤维长，是造纸的优良材料。具有极高的观赏价值。广东省重点保护野生植物。

香桂 Cinnamomum subavenium Miq.

乔木。6～7 月开花，8～10 月结果。产于广东乐昌、乳源、连州、英德、始兴、大埔、封开。生于中海拔的山坡或山谷的常绿阔叶林中。分布于中国广西、台湾、福建、浙江、安徽、江西、云南、四川、贵州、湖南、湖北。印度、缅甸经马来西亚至印度尼西亚也有分布。

叶油可作香料及医药上的杀菌剂，皮油可作化妆及牙膏的香精原料。叶是罐头食品的重要配料，能增加食品香味。植株具观赏性。

川桂（官桂、三条筋、臭樟）**Cinnamomum wilsonii** Gamble

乔木。花期 4～5 月，果期 7～10 月。产于广东连南、从化。生于山谷林中或山坡阳处或沟边。分布于中国广西、湖南、湖北、四川、江西、陕西。

枝、叶和果均含芳香油，油可作食品或皂用香精的调和原料。树皮入药，有补肾和散寒祛风之功效，也可治风湿筋骨痛、跌打及腹痛吐泻等症。

▶ **山胡椒属 Lindera** Thunb.

山胡椒（油金条、香叶子、野胡椒）**Lindera glauca**（Siebold et Zucc.）Blume

落叶灌木或小乔木。花期 3～4 月，果期 7～8 月。广东北部、东部有产。生于山坡、林缘。分布于中国广西、河南、陕西、甘肃、山西、江苏、安徽、浙江、江西、福建、台湾、湖南、湖北、贵州、四川。日本、朝鲜、越南也有分布。

叶、果皮可提芳香油，种仁油含月桂酸，油可作肥皂和润滑油。全株可供药用，叶能温中散寒、破气化滞、祛风消肿，果可治胃痛。木材可作家具。

▶ **木姜子属 Litsea** Lam.

山鸡椒（山苍子）**Litsea cubeba**（Lour.）Pers.

落叶灌木或小乔木。花期 2～3 月，果期 7～8 月。广东各地有产。生于向阳的山坡、疏林、灌丛中。分布于中国华南及贵州、云南、四川、西藏、湖北、湖南、江西、福建、台湾、浙江、江苏、安徽。东南亚各国也有分布。

花、叶和果皮是提制柠檬醛的原料，供医药制品和配制香精等用。核仁含油率高，油供工业上使用。根、茎、叶和果实均可入药，有祛风散寒、消肿止痛之功效。果实入药，可用于治疗血吸虫病。

39. 十字花科 Cruciferae

▶ **薄菜属 Rorippa** Scop.

风花菜（银条菜、圆果薄菜、球果薄菜）**Rorippa globosa**（Turcz.）Hayek

草本。花期 4～6 月，果期 7～9 月。产于广东广州、肇庆等地。生于田边、坡地、荒野。分布几遍全国。俄罗斯也有分布。

嫩苗可食用，类似荠菜的风味。药用有清热利尿、解毒之功效。

57. 蓼科 Polygonaceae

▶**蓼属** Polygonum L.

杠板归（贯叶蓼、刺犁头、河白草）**Polygonum perfoliatum** L.

攀缘草本。花期 6～8 月，果期 7～10 月。广东各地有产。生于村边、路旁、荒地旁旷野或荒地。分布于中国西南至东南、华北至东北。印度、日本、马来西亚、菲律宾也有分布。

可作蔬食或饲用。全草可入药，为中药材杠板归的来源植物，有利水消肿、清热、活血、解毒等功效，可治咽喉肿痛、肺热咳嗽、小儿顿咳。

香蓼（粘毛蓼）**Polygonum viscosum** Buch. -Ham.

草本。花期 7～9 月，果期 8～10 月。产于广东高要、深圳、电白、广州。生于田间或阴湿处。分布于中国南北各地。朝鲜、日本、越南、印度也有分布。

可提取香蓼精油，具有薄荷的清凉和蒿草香气及甜的膏香等香气。全草可入药，能清热解毒、祛痰止咳。花色泽艳丽，花期长，可用于花坛、花境的绿化，也可以作为切花材料。

66. 蒺藜科 Zygophyllaceae

▶**蒺藜属** Tribulus L.

蒺藜 Tribulus terrestris L.

草本。花期 5～8 月，果期 6～9 月。产于广东广州以南至雷州半岛。生于海边沙滩草地上。分布于中国各地。世界温带和热带均有分布。

青鲜时可作饲料。果入药，能平肝明目、散风行血。

108. 茶科 Theaceae

▶**山茶属** Camellia L.

红皮糙果茶（红皮油茶、克氏茶）**Camellia crapnelliana** Tutch.

灌木或小乔木。花期 10～12 月，果期 11 月至翌年 1 月。产于广东广州。分布于中国香港、广西、福建、江西、浙江。

具有较大的花和果，种子含油量高，是重要的油料植物。株形匀称，花大洁白，适于美化庭园，观赏价值高。

大苞山茶（大苞白山茶、葛亮山茶）**Camellia granthamiana** Sealy

乔木。花期 12 月至翌年 1 月，果期 8～9 月。产于广东大埔、海丰、陆丰、惠阳、深圳、封开。生于海拔 150～300 米的常绿林中。分布于中国香港。

是重要的油料和观赏植物。株形优美，花大洁白，是优良的园景树。广东省重点保护野生植物。

落瓣短柱茶（落瓣油茶）**Camellia kissi** Wall.

灌木或小乔木。花期 11～12 月。产于广东英德、从化、新丰、清远、龙门、惠阳、惠东、博罗、深圳、阳春、茂名。生于常绿林或灌丛中。分布于中国华南及湖南、云南等地。不丹、尼泊尔、印度、缅甸等地也有分布。

是重要的油料植物，具有观赏价值。

毛叶茶 Camellia ptilophylla H. T. Chang

小乔木。花期 7～8 月。产于广东从化、龙门、博罗、河源、封开。生于山谷疏林中。分布于中国广西、海南、湖南等地。

叶片可作茶饮，也称白毛茶或山茶，不含咖啡碱，含较高的可可碱，具有强心、保护缺氧心肌、提高机体动态耐力、抗肿瘤等特殊功效，是珍稀的茶树资源（徐田俊，2007）。

普洱茶（野茶树）**Camellia sinensis**（L.）O. Kuntze var. **assamica**（J. W. Masters）Kitam.

灌木或小乔木。花期 10 月至翌年 2 月。广东中部、北部山区有野生，各地有栽培。分布于中国广西、海南和云南，长江流域及其以南各省份有栽培。日本、印度、越南等国均有栽培。

茶叶可作饮品，是著名的饮料，含有多种有益成分，并有保健功效。种子富含油脂可作食用油或工业用油。国家二级重点保护野生植物。

▶ **核果茶属 Pyrenaria** Blume

小果核果茶（小果石笔木）**Pyrenaria microcarpa**（Dunn）H. Keng（*Tutcheria microcarpa* Dunn）

乔木。花期 4～7 月，果期 8～11 月。产于广东乐昌、乳源、始兴、曲江、英德、翁源、新丰、龙门、花都、和平、大埔、蕉岭、揭西、惠东、博罗、深圳、东莞、珠海等地。生于山地林中、林缘。分布于中国华南及浙江、福建、江西、云南。

树形美观，叶泽光亮，洁白亮丽的花朵和茂密的果实具有较高的观赏价值，可用于庭院观赏及住宅区、公园和街道的绿化。种子含油量高，可作为生物能源植物。

大果核果茶（石笔木）**Pyrenaria spectabilis**（Champ.）C. Y. Wu et S. X. Yang〔*Tutcheria championii* Nakai，*T. spectabilis*（Champ. ex Benth.）Dunn〕

乔木。花期 5～6 月，果期 8～10 月。产于广东乐昌、乳源、曲江、龙门、平远、蕉岭、丰顺、饶平、海丰、惠东、惠阳、博罗、广州、深圳、东莞、珠海、新会、封开、郁南、德庆、阳春、信宜、化州等地。生于山谷林下、林缘。分布于中国广西、香港、福建、云南、湖南。

树形美观，树冠浓密，花朵美丽，果硕大，花果期长，是优良的观赏、绿化树种。木材坚韧，纹理密致，可作高级家具、雕刻、工艺制品的优质用材。种子含油，可作工业用油。

长柱核果茶（长柄石笔木）**Pyrenaria spectabilis** var. **greeniae**（Chun）S. X. Yang（*Tutcheria greeniae* Chun）

乔木。花期 6～7 月，果期 8～10 月。产于广东乳源、曲江、仁化、阳山、丰顺、博罗、阳春。生于山地林中、林缘。分布于中国广西、福建、湖南、江西、贵州。

可供观赏或作绿化。种子含油，可作工业用油。

122. 红树科 Rhizophoraceae

▶**角果木属** Ceriops Arn.

角果木 Ceriops tagal（Perr.）C. B. Rob.

灌木或乔木。花期秋冬季，果期冬季。产于广东徐闻。生于海边滩涂林中。分布于中国海南、台湾，浙江有栽培。非洲东海岸和亚洲热带也有分布。

树皮含单宁达 30%，可提取栲胶制作染料、制革等。全株入药，有收敛作用，也有用以代替奎宁作退热药。材质坚重，耐腐性很强，可作桩木、船材和其他强度要求大的用材。

128. 椴树科 Tiliaceae

▶**田麻属** Corchoropsis Siebold et Zucc.

田麻 Corchoropsis crenata Siebold et Zucc. ［*C. tomentosa*（Thunb.）Makino］

草本。果期秋季。产于广东乐昌、乳源、始兴、连州、仁化、阳山、和平、博罗、怀集。生于山地灌丛或石缝中。分布于中国广西、福建、江西、湖南、江苏、浙江、安徽、河南、陕西等地区。朝鲜、日本也有分布。

茎皮纤维可代黄麻制作绳索及麻袋。

136. 大戟科 Euphorbiaceae

▶**油桐属** Vernicia Lour.

油桐（三年桐）Vernicia fordii（Hemsl.）Airy Shaw

落叶小乔木。花期 3～4 月，果期 8～9 月。产于广东乳源、乐昌、始兴、南雄、仁化、连山、阳山、英德、连平、和平、兴宁、平远、蕉岭、大埔、广州、东莞、阳春、信宜、封开等地，常有栽种或野生。生于丘陵山地、山坡。中国秦岭山脉以南各省份均有分布。现世界温带地区有栽培。

种仁含油量高，可用作工业用油，制造油漆和涂料，经济价值高。果皮可制活性炭或提取碳酸钾。

木油桐（千年桐）Vernicia montana Lour.

落叶乔木。花期 4～5 月，果期 8～9 月。广东各地栽培或野生于疏林中。分布于中国华南及云南、贵州、江西、福建、湖南、河北、浙江、安徽。缅甸、泰国、越南均有栽培。

种子可榨取桐油，用于制漆、人造皮革、人造橡胶、人造汽油、油墨等制造业。果皮可提取桐碱和碳酸钾。是优良的生物质能源树种，也是蜜源植物。

143. 蔷薇科 Rosaceae

▶**委陵菜属** Potentilla L.

朝天委陵菜 Potentilla supina L.

草本。花果期 3～10 月。产于广东连平、翁源、清远、广州、梅州、高要。生于低海拔的平地、田野、林边，或生于湿地上。全国各地均有分布。广布于北半球温带及部分亚热带地区。

块根营养价值高，可食，是优良的野生天然食品，亦可入药。

三叶朝天委陵菜 Potentilla supina L. var. **ternata** Peterm.

草本。花果期3～10月。产于广东高要。生于田野。分布于中国河南、安徽、江苏、浙江、江西、云南、四川、贵州、河北、山西、陕西、甘肃、新疆、黑龙江、辽宁。俄罗斯也有分布。

147. 苏木科 Caesalpiniaceae

▶**羊蹄甲属** Bauhinia L.

日本羊蹄甲（粤羊蹄甲）**Bauhinia japonica** Maxim.

藤本。花期1～5月，果期6～9月。产于广东广州、深圳、徐闻。生于低海拔的山地疏林中。分布于中国海南。日本也有分布。

可供观赏。根含单宁，可作药用。

▶**云实属** Caesalpinia L.

苏木 Caesalpinia sappan L.

小乔木。花期5～10月，果期7月至翌年3月。产于广东广州、珠海、信宜、肇庆、徐闻。生于山地林中、林缘。分布于中国广西、云南、贵州、四川、福建和台湾，栽培或野生。原产印度、越南、斯里兰卡及马来半岛。

心材可提取苏木素，可用于生物制片染色。边材黄色微红，心材赭褐色，纹理斜，材质坚重，有光泽，干燥后少开裂，为细木工用材。药用，为中药材苏木的来源植物；心材入药，为清血剂，有祛痰、止痛、活血、散风之功效。

148. 蝶形花科 Papilionaceae

▶**大豆属** Glycine Willd.

烟豆 Glycine tabacina（Labill.）Benth.

草本。花期3～7月，果期5～10月。产于广东广州。生于海边岛屿的山坡或荒坡草地上。分布于中国福建和台湾。澳大利亚和南太平洋群岛至斐济也有分布。

可作牧草使用。国家二级重点保护野生植物。

165. 榆科 Ulmaceae

▶**青檀属** Pteroceltis Maxim.

青檀 Pteroceltis tatarinowii Maxim.

乔木。花期3～5月，果期8～10月。产于广东乐昌、乳源、连山、连南、连州、英德、阳山、封开等地。常生于山谷、丘陵、石灰岩山地疏林中。中国南北各地均产。

树皮纤维为制宣纸的主要原料。木材坚硬细致，可作农具、车轴、家具和建筑用的上等木料。种子可榨油。可作为观赏树。

167. 桑科 Moraceae

▶**构属** Broussonetia L'Hert. ex Vent.

葡蟠 Broussonetia kaempferi Siebold var. **australis** Suzuki

灌木。花期 4～6 月，果期 5～7 月。广东各地有产。多生于山谷灌丛或沟边山坡路旁。分布于中国华南、华中、西南各省份。日本、朝鲜也有分布。

富含韧皮纤维，为造纸的优良原料。

构树（毛桃、谷树、谷桑）**Broussonetia papyrifera**（L.）L'Hert. ex Vent.

乔木。花期 4～5 月，果期 6～7 月。广东各地有产。分布于中国南北各地。印度、缅甸、泰国、越南、马来西亚、日本、朝鲜也有分布。

叶营养成分丰富，可用于生产畜禽饲料。富含韧皮纤维，可作造纸材料。果实及根、皮可供药用，有强筋骨、利尿消肿、祛风湿等功效。

▶**橙桑属** Maclura Nutt.

柘（柘树、棉柘、黄桑、灰桑）**Maclura tricuspidata** Carrière

灌木或乔木。花期 5～6 月，果期 6～7 月。产于广东乐昌、乳源、曲江、阳山、封开等地。常生于海拔 500 米左右的丘陵或山谷沟边。分布于中国河北以南各省份。日本、朝鲜、越南也有分布。

果可生食或酿酒，嫩叶可以养幼蚕。茎皮纤维可造纸。根皮药用。木材心部黄色，质坚硬细致，可以作家具用，或作黄色染料。

▶**桑属** Morus L.

鸡桑（山桑、壓桑、小叶桑）**Morus australis** Poir. [*M. australis* var. *inusitata* (Lévl.) C. Y. Wu]

灌木或小乔木。花期 3～4 月，果期 4～5 月。产于广东乐昌、乳源、始兴、曲江、仁化、阳山、翁源、龙门、河源、怀集、阳春等地。常生于石灰岩山地林中。分布于中国辽宁、陕西以南各省份。日本、朝鲜、越南、斯里兰卡、不丹、尼泊尔、印度也有分布。

韧皮纤维可以造纸。果实成熟时味甜可食。

华桑（花桑、葫芦桑）**Morus cathayana** Hemsl.

乔木。花期 4～5 月，果期 5～6 月。产于广东乐昌、连山。生于山地林中。分布于中国河北以南各省份。老挝、朝鲜、日本也有分布。

茎皮纤维可制蜡纸、绝缘纸、皮纸和人造棉。果实可食用、酿酒。树叶可供药用。

169. 荨麻科 Urticaceae

▶**舌柱麻属** Archiboehmeria C. J. Chen

舌柱麻 Archiboehmeria atrata（Gagnep.）C. J. Chen

灌木或半灌木。花期 6～8 月，果期 9～10 月。产于广东始兴、连州、连山、英德、翁源、惠东、深圳、高要、台山、阳春、云浮、信宜等地。生于中低海拔的山谷疏林的较潮湿土上或石缝中。分布于中国广西、海南、湖南。越南也有分布。

茎皮纤维为代麻原料和制人造棉的原料。

▶ **苎麻属 Boehmeria** Jacq.

海岛苎麻 Boehmeria formosana Hayata

草本或亚灌木。花期 7～9 月。产于广东始兴、英德、阳山、翁源、从化、龙门、和平、大埔、平远、斗门、罗定、怀集。生于中低海拔的疏林、灌丛中或沟边。分布于中国广西、湖南、江西、福建、台湾、浙江、安徽。日本也有分布。

茎皮纤维可代麻，是重要的纤维类原料。叶可入药，有活血散瘀、消肿止痛之功效。

水苎麻 Boehmeria macrophylla Hornem.

亚灌木或草本。花期 7～9 月，果期 9 月至翌年 1 月。产于广东乐昌、高要、肇庆、信宜、罗定、阳春。生于山谷林下或沟边。分布于中国广西、香港、浙江、贵州、西藏、云南。越南、缅甸、尼泊尔、印度也有分布。

茎皮纤维长而细软，拉力强，可用于人造棉、纺纱、制绳索、织麻袋等。全草可作兽药，治牛软脚症等。

苎麻（野麻）Boehmeria nivea（L.）Gaudich.

亚灌木或灌木。花期 5～9 月，果期 9～11 月。广东大部分地区有产。生于海拔 200 米以上的山谷林边或草坡。分布于中国华南及云南、贵州、福建、江西、台湾、浙江、湖北、四川、甘肃、陕西、河南。越南、老挝也有分布。

茎皮纤维细长，强韧，洁白有光泽，拉力强，耐水湿，富弹力和绝缘性，可用作工业丝绵、造纸、纺织业原料，是重要的纤维类原料。可供药用，根有利尿解热的功效，叶治创伤出血。嫩叶可养蚕或作饲料。种子可榨油，供制肥皂和食用。

小赤麻 Boehmeria spicata（Thunb.）Thunb.

草本或亚灌木。花期 5～8 月，果期 8～9 月。产于广东始兴。生于丘陵或山坡、石上、沟边。分布于中国江西、浙江、江苏、湖北、湖南、四川、陕西、山东。朝鲜、日本也有分布。

茎皮纤维坚韧，可供织麻布、拧绳索用。全草或叶可入药，有利尿消肿、解毒透疹之功效。

194. 芸香科 Rutaceae

▶ **飞龙掌血属 Toddalia** A. Juss.

飞龙掌血（刺米通、溪椒、黄椒根）Toddalia asiatica（L.）Lam.

木质藤本。花期春夏，果期秋冬。广东各地有产。多见于山坡灌丛、疏林或石灰岩山地，攀附于其他树上。中国秦岭以南各地均有分布。非洲东部及亚洲南部和东南部也有分布。

成熟的果味甜，果皮含麻辣成分。全株用作草药，多用其根，有活血散瘀、祛风除湿、消肿止痛之功效。

▶ **花椒属 Zanthoxylum** L.

青花椒（野椒、天椒、崖椒）**Zanthoxylum schinifolium** Siebold et Zucc.

灌木。花期 7～9 月，果期 9～12 月。产于广东乳源、乐昌、连州、阳山、博罗等地。生于较低海拔的坡地、山谷杂木林中。分布于中国福建、江西、湖南、江苏、浙江、山东等省份。朝鲜、日本也有分布。

其果可作花椒代品，名为青椒，可作食品调味料。根、叶及果均入药，有发汗、散寒、止咳、除胀、消食之功效。

198. 无患子科 Sapindaceae

▶ **滨木患属 Arytera** Blume

滨木患 Arytera littoralis Blume

乔木或灌木。花期夏初，果期秋季。产于广东阳江、廉江、徐闻。生于林中或灌丛中。分布于中国海南、广西和云南。印度、亚洲东南部至所罗门群岛也有分布。

木材坚韧，可制农具。种子可作油料。嫩芽可作蔬菜食用。

213. 伞形科 Umbelliferae

▶ **胡萝卜属 Daucus** L.

野胡萝卜 Daucus carota L.

草本。花期 5～7 月。产于广东乳源、连州等地。生于低海拔的路旁、旷野或田间。分布于中国四川、贵州、湖北、江西、安徽、浙江、江苏。欧洲、东南亚地区均有分布。

果实入药，有驱虫作用，又可提取芳香油。

264. 唇形科 Labiatae

▶ **罗勒属 Ocimum** L.

罗勒 Ocimum basilicum L.

草本。花期通常 7～9 月，果期 9～12 月。产于广东乳源、连南、惠阳、博罗、深圳、东莞、广州、高要等地。生于旷野、路旁和村边荒地上。分布于中国华南及台湾、福建、江西、安徽、江苏、浙江、湖南、湖北、河北、吉林、新疆。非洲至亚洲温暖地带均有分布。

茎、叶及花穗含芳香油，为香料类植物，用作调香原料，配制化妆品、皂用及食用香精。嫩叶可食，亦可泡茶饮，有祛风、芳香、健胃及发汗作用。全草入药，为中药九层塔的来源植物，治胃痛、胃痉挛、胃肠胀气、消化不良等症。

圣罗勒 Ocimum sanctum L.（*O. lenuiflorum* L.）

亚灌木。花期 2～6 月，果期 3～8 月。产于广东广州及珠江口岛屿等地。生于干燥沙质草地上。分布于中国香港、海南、台湾、四川。亚洲东南部、非洲及澳大利亚也有分布。

叶可作调味品及代茶用作饮料。全草研粉治头痛，煎服治哮喘。

314. 棕榈科 Palmaceae

▶**棕榈属** Trachycarpus H. Wendl.

棕榈 Trachycarpus fortunei（Hook.）H. Wendl.

乔木。花期 4～5 月，果期 11～12 月。产于广东乐昌、乳源、仁化、南雄、阳山、和平、饶平、增城等地。常见于栽培，罕见野生于疏林中。分布于中国长江以南各省份。日本也有分布。

其棕皮纤维可作绳索，编蓑衣、棕绷、地毡等，嫩叶经漂白可制扇和草帽。棕皮及叶柄煅炭入药有止血作用。树形优美，为庭园绿化的优良树种。

332B. 禾亚科 Agrostidoideae

▶**结缕草属** Zoysia Willd.

中华结缕草 Zoysia sinica Hance

草本。花果期 5～10 月。产于广东深圳、汕头、潮安。生于海边沙滩、河岸、路旁。分布于中国华南及江苏、安徽、浙江、福建、台湾、河北、山东、辽宁。日本也有分布。

叶片质硬，耐践踏，宜铺建球场草坪，并具有很强的护坡、护堤效益。鲜茎叶气味纯正，为牲畜良好的饲料。国家二级重点保护野生植物。

六、蜜源植物

—裸子植物—

G8. 三尖杉科 Cephalotaxaceae

▶ 三尖杉属 Cephalotaxus Siebold. et Zucc. ex Endl.

三尖杉（小叶三尖杉、头形杉）**Cephalotaxus fortunei** Hook. f.

乔木。花期4～5月，种子8～10月成熟。产于广东乐昌、乳源、南雄、始兴、连州、连山、连南、阳山、仁化、和平、连平、大埔、平远、惠东、丰顺、怀集、东莞。生于海拔200～1 000米的山地林中。分布于中国广西、浙江、安徽、福建、江西、湖南、湖北、河南、陕西、甘肃、四川、云南、贵州。

木材纹理细致，材质坚实，可供建筑、桥梁、舟车、农具、家具及器具等用材。叶、枝、种子、根可提取多种植物碱，对治疗淋巴肉瘤等有一定的疗效。种仁可榨油，供工业用。树冠美观，叶色绿中带白，为珍贵的园林景观树种。广东省重点保护野生植物。

—被子植物—

8. 番荔枝科 Annonaceae

▶ 鹰爪花属 Artabotrys R. Br. ex Ker

鹰爪花 Artabotrys hexapetalus（L. f.）Bhandari

攀缘灌木。花期5～8月，果期5～12月。广东广州、博罗、深圳、珠海、中山、高要、阳春有栽培或野生。分布于中国华南及浙江、台湾、福建、江西、云南。亚洲其他热带地区也有栽培或野生。

花极香，常栽培于公园或屋旁，为蜜源植物。鲜花含芳香油，可提制鹰爪花浸膏，用于高级香水化妆品和皂用的香精原料，亦供熏茶用。根可药用，治疟疾。

11. 樟科 Lauraceae

▶ 樟属 Cinnamomum Schae ff.

肉桂 Cinnamomum cassia Presl

乔木。花期6～8月，果期10～12月。广东清远、河源、广州、高要、新兴、阳春、电白、云浮、信宜、高州等地常见栽种，有时逸为野生。中国广西、福建、台湾、云南等的热带及亚热带地区广为栽培。原产中国南部。印度、老挝、越南至印度尼西亚等地也有栽培。

为蜜源植物。枝、叶、果实、花梗可提制桂油，桂油为合成桂酸等重要香料的原料。

全株可入药，树皮称肉桂，枝条横切后称桂枝，嫩枝称桂尖，果托称桂盅，果实称桂子。

81. 瑞香科 Thymelaeaceae

▶荛花属 Wikstroemia L.

北江荛花 Wikstroemia monnula Hance

灌木。花期 4～8 月，果期 6～9 月。产于广东乐昌、乳源、南雄、和平、龙门、博罗、广州、高要、怀集、广宁、阳春、东莞、深圳等地。生于中低海拔的山谷溪旁林下、山顶灌丛中或石缝中。分布于中国香港、广西、贵州、湖南、浙江。

为蜜源植物。根入药，可活血化瘀。树皮可以造纸和作人造棉。花黄带紫色或淡红色，果熟红色，是优良的观赏植物。

94. 天料木科 Samydaceae

▶脚骨脆属（嘉赐树属）Casearia Jacq.

膜叶嘉赐树 Casearia membranacea Hance

小乔木。花期 7～8 月，果期 10 月至翌年春季。产于广东阳江、电白、信宜、封开、化州、雷州等地。生于低海拔疏林中。分布于中国海南、广西、台湾等地。越南也有分布。

木材为家具、器具和农具等的用材。

108. 茶科 Theaceaae

▶柃木属 Eurya Thunb.

米碎花 Eurya chinensis R. Br.

灌木。花期 11 至翌年 1 月，果期翌年 6～7 月。广东各地有产。生于海拔 900 米以下的山坡灌丛、丘陵、沟谷灌丛中。分布于中国香港、广西、江西、福建、台湾、江西、湖南、云南。

为优良的蜜源植物。根及全株可入药。

华南毛柃 Eurya ciliata Merr.

灌木或小乔木。花期 10～12 月，果期翌年 4～5 月。产于广东连山、连南、连州、阳山、英德、龙门、怀集、郁南、罗定、阳春、信宜、东莞、广州等地。生于海拔 100～1 300 米的山坡林下、山谷密林、灌丛中。分布于中国海南、广西、贵州、云南等地。越南也有分布。

为优良的蜜源植物，蜜乳白色，结晶细，为上等蜜。

细齿叶柃 Eurya nitida Korthals

灌木或小乔木。花期 11 月至翌年 1 月，果期翌年 7～9 月。广东各山区县有产。生于海拔 1 300 米以下的山谷、山坡、林缘或灌丛中。广泛分布于中国华南、华东、华中、西南等地区。越南、缅甸、斯里兰卡、印度、菲律宾及印度尼西亚也有分布。

冬季开花，是优良的蜜源植物。枝、叶及果实可作染料。

窄叶柃 Eurya stenophylla Merr.

灌木。花期 10～12 月，果期翌年 7～8 月。产于广东新会、阳春、怀集、东莞。生于中低海拔的山坡、林缘、山谷灌丛中。分布于中国广西、湖北、四川、贵州。

毛果柃 Eurya trichocarpa Korthals

灌木或小乔木。花期 10～11 月，果期翌年 7～8 月。产于广东乳源、英德、博罗、深圳、肇庆、阳春、罗定、信宜、高州。多生于中海拔的山谷林中、林缘或灌丛中。分布于中国华南及云南、西藏。越南、老挝、泰国、缅甸、印度、不丹、尼泊尔、印度尼西亚群岛及菲律宾也有分布。

118. 桃金娘科 Myrtaceae

▶**岗松属** Baeckea L.

岗松 Baeckea frutescens L.

小灌木或小乔木。花期夏秋，果期秋季。广东各地有产。喜生于低地丘陵、荒山草坡与灌丛中。分布于中国华南及浙江、福建、江西等地。东南亚各地也有分布。

叶含小茴香醇等，供药用，外洗治皮炎及湿疹。

128A. 杜英科 Elaeocarpaceae

▶**杜英属** Elaeocarpus L.

中华杜英 Elaeocarpus chinensis（Gardn. et Champ.）Hook. f. ex Benth.

小乔木。花期 5～6 月，果期 6～9 月。广东大部分地区有产。生于海拔 300～900 米的常绿阔叶林、次生林中或林缘。分布于中国华南及浙江、福建、江西、云南、贵州。老挝及越南北部也有分布。

为蜜源植物。是优良的行道树、庭院观赏树，也是风景林或生态防护造林速生树种。树皮和果皮含鞣质，可提制栲胶。木材可培养白木耳。

136. 大戟科 Euphorbiaceae

▶**山麻杆属** Alchornea Sw.

红背山麻杆 Alchornea trewioides（Benth.）Muell. Arg.

灌木。花期 3～5 月，果期 6～8 月。广东各地有产。生于山坡灌丛、疏林下、林缘。分布于中国华南及福建、江西、湖南、云南。越南、泰国、日本也有分布。

为蜜源植物。枝、叶煎水，外洗治风疹。

▶**五月茶属** Antidesma L.

方叶五月茶 Antidesma ghaesembilla Gaertn.

小乔木或灌木。花期 3～9 月，果期 6～12 月。产于广东博罗、广州、深圳、东莞、吴川、阳春、封开、罗定、高州、雷州、徐闻。生于海拔 50～800 米的山地疏林、丘陵中。分布于中国广西、海南、香港、云南。印度、孟加拉国、不丹、缅甸、越南、斯里兰卡、马来西亚、菲律宾、澳大利亚均有分布。

供药用，叶可治小儿头痛，果有通便作用。

143. 蔷薇科 Rosaceae

▶**蔷薇属 Rosa** L.

软条七蔷薇 Rosa henryi Bouleng

灌木。花期春季，果期 8～9 月。广东大部分地区有产。生于海拔 300～1 200 米的山谷林中、丘陵或林缘。分布于中国广西、河南、安徽、江苏、浙江、江西、福建、湖北、湖南、云南、四川、贵州、陕西等省份。

花密，色艳，香浓，是极好的垂直绿化材料。根、果实药用，可消肿止痛、祛风除湿、止血解毒、补脾固涩。

146. 含羞草科 Mimosaceae

▶**合欢属 Albizia** Durazz.

天香藤 Albizia corniculata（Lour.）Druce

攀缘灌木或藤本。花期夏季，果期 8～11 月。广东大部分地区有产。生于旷野、林缘或山地疏林中，常攀附于树枝上。分布于中国广西、海南、香港、福建等地。越南、老挝、柬埔寨也有分布。

花形状奇特，颜色鲜艳可爱，是良好的园林观赏植物。心材药用，治跌打损伤、创伤出血等。

147. 苏木科 Caesalpiniaceae

▶**羊蹄甲属 Bauhinia** L.

龙须藤 Bauhinia championii（Benth.）Benth.

藤本。花期 6～10 月，果期 7～12 月。广东各地有产。生于低海拔至中海拔的丘陵灌丛或山地疏林中，也生于石灰岩上。分布于中国广西、海南、云南、台湾、福建、江西、浙江、湖南、湖北和贵州。印度、越南和印度尼西亚也有分布。

适用于大型棚架、绿廊、墙垣等攀缘绿化，堡坎、陡坡、岩壁等垂直绿化，也可整型成不同形状的景观灌木或用于隐蔽掩体绿化。

148. 蝶形花科 Papilionaceae

▶**槐属 Sophora** L.

绒毛槐 Sophora tomentosa L.

灌木或小乔木。产于广东惠阳、惠东等地及沿海岛屿。生于海滨沙丘及小灌木林中。分布于中国海南、香港、台湾。广泛分布于全世界热带海岸地带及岛屿上。

161. 桦木科 Betulaceae

▶**桦木属 Betula** L.

华南桦 Betula austrosinensis Chun ex P. C. Li

乔木。花期 6～7 月，果期 8～9 月。产于广东乐昌、乳源、英德、阳山、曲江。生于海拔 800～1 500 米的山地杂木林中或林缘。分布于中国广西、湖南、云南、贵州、四川。

树皮可入药，有利水通淋、清热解毒之功效。

163. 壳斗科 Fagaceae

▶**锥属** Castanopsis（D. Don）Spach

米槠 Castanopsis carlesii（Hemsl.）Hayata

乔木。花期 3～6 月，果翌年 9～11 月成熟。广东大部分地区有产。生于海拔 1 500 米以下的山地疏林或密林中。分布于中国长江以南各地。

既是优良的用材树种，又是培育食用菌的优良原料，其培肥土壤、涵养水源能力都比较强。

甜槠（甜槠栲）**Castanopsis eyrei**（Champ. ex Benth.）Tutch.

乔木。花期 4～6 月，果翌年 9～11 月成熟。广东大部分地区有产。生于海拔 200 米以上的丘陵、山地疏林或密林中。中国除海南、云南外，长江以南各地均有分布。

木材纹理直，结构细致，质地坚硬，适用于建筑、门窗、室内装修，家具、农具等用材。种子可食用，并可磨粉或供酿酒，也是良好的猪饲料。

罗浮锥（罗浮栲）**Castanopsis fabri** Hance

乔木。花期 3～4 月，果期翌年 10～11 月。广东各地山区有产。生于海拔 1 500 米以下的疏林、密林中或林缘。分布于中国长江以南大多数省份。越南、老挝也有分布。

优良乡土阔叶用材树种，木材纹理直，易加工，宜作家具、桥梁、车船、建筑、室内装修、旋制胶合板、体育器械等用材。

黧蒴锥（黧蒴）**Castanopsis fissa**（Champ. ex Benth.）Rehd. et Wils.

乔木。花期 4～6 月，果 10～12 月成熟。广东各地有产。生于海拔 1 600 米以下的山地疏林或密林中。分布于中国华南及云南、福建、江西、湖南、贵州。越南北部也有分布。

适于作一般的门、窗、家具与箱板用材，也有用其树干培育香菇及其他食用菌类。

171. 冬青科 Aquifoliaceae

▶**冬青属** Ilex L.

榕叶冬青 Ilex ficoidea Hemsl.

乔木。花期 3～4 月，果期 8～11 月。产于广东乐昌、乳源、曲江、连州、连山、连南、仁化、阳山、连平、新丰、龙门、从化、花都、增城、和平、紫金、平远、蕉岭、惠阳、博罗、深圳、东莞、肇庆、台山、德庆、阳春、信宜、湛江等地。生于海拔 1 500 米以下的常绿阔叶林、次生林中或林缘。分布于中国华南及安徽、浙江、江西、福建、台湾、湖北、湖南、云南、四川、贵州。

根药用，可用于缓解肝炎、跌打损伤。

台湾冬青 Ilex formosana Maxim.

乔木。花期 3 月下旬至 5 月，果期 7～11 月。产于广东乐昌、乳源、曲江、英德、始兴、翁源、新丰、平远、怀集、德庆、阳春、信宜、高州等地。生于海拔 1 500 米以下的山地常绿阔叶林、次生林中。分布于中国广西、浙江、江西、安徽、福建、台湾、湖南、云南、贵州、四川。菲律宾也有分布。

广东冬青 Ilex kwangtungensis Merr.

灌木或小乔木。花期 6～7 月，果期 9～11 月。广东大部分地区有产。生于海拔 300～1 000 米的常绿阔叶林、次生林中或灌木林中。分布于中国华南及江西、福建、湖南、浙江、云南、贵州。

果实熟时红色，是优良的庭园绿化树种。

大叶冬青（苦丁茶）**Ilex latifolia** Thunb.

大乔木。花期 4～5 月，果期 9～10 月。产于广东乐昌、乳源、阳山、英德、大埔等地。生于海拔 250～1 000 米的山地常绿阔叶林中，现许多地区栽培。分布于中国香港、广西、江苏、安徽、浙江、江西、福建、河南、湖北、云南。日本也有分布。

木材可作细工原料。树皮可提取栲胶。果实熟时红色，可作园林绿化树种。

毛冬青 Ilex pubescens Hook. et Arn.

灌木或小乔木。花期 4～5 月，果期 8～11 月。广东各地有产。生于海拔 1 000 米以下的山地常绿阔叶林中或林缘、灌丛、溪旁。分布于中国华南及台湾、安徽、浙江、江西、福建、湖南、贵州。

三花冬青 Ilex triflora Blume

灌木或乔木。花期 5～7 月，果期 8～11 月。广东大部分地区有产。生于海拔 1 500 米以下的山地林中或灌丛。分布于中国华南及安徽、浙江、江西、福建、湖北、湖南、云南、贵州、四川。印度、孟加拉国、越南、马来西亚、印度尼西亚也有分布。

根药用，可清热解毒。

190. 鼠李科 Rhamnaceae

▶**枳椇属 Hovenia** Thunb.

枳椇（拐枣）**Hovenia acerba** Lindl.

乔木。花期 5～7 月，果期 8～10 月。产于广东乐昌、乳源、仁化、连州、连山、连南、阳山、英德、清新、连平、新丰、翁源、紫金、从化、龙门、怀集、罗定等地。生于林中、村边疏林、旷地或栽培于庭园。分布于中国长江流域以南各省份。印度和中南半岛也有分布。

木材细致坚硬，为建筑和制细木工用具的良好用材。果序轴肥厚、含丰富的糖，可生食、酿酒、熬糖，民间常用以浸制"拐枣酒"，能治风湿。种子为清凉利尿药，能解酒毒，适用于治疗热病消渴、烦渴、发热等症。

▶**马甲子属 Paliurus** Mill.

马甲子 Paliurus ramosissimus（Lour.）Poir.

灌木。花期 5～8 月，果期 9～10 月。广东大部分地区有产。生于山地路旁、疏林下或灌丛。分布于中国长江流域以南各省份。朝鲜、日本和越南也有分布。

木材坚硬，可作农具柄。根、枝、叶、花、果均可药用，有解毒消肿、止痛活血之功效，治痈肿溃脓等症，根可治喉痛。种子榨油可制蜡烛。

193. 葡萄科 Vitaceae

▶ 乌蔹莓属 Cayratia Juss.

角花乌蔹莓 Cayratia corniculata（Benth.）Gagnep.

草质藤本。花期 4～5 月，果期 7～9 月。产于广东乐昌、始兴、南雄、连山、英德、连平、龙川、和平、五华、丰顺、平远、蕉岭、饶平、惠东、博罗、深圳、广州、高要、怀集、云浮、阳春、封开、茂名等地。生于较低海拔的山谷溪边疏林或山坡灌丛。分布于中国华南及江西、福建、湖南、湖北。

块茎入药，有清热解毒、祛风化痰之功效。

194. 芸香科 Rutaceae

▶ 酒饼簕属 Atalantia Corrêa

酒饼簕 Atalantia buxifolia（Poir.）Oliv.（*Severinia buxifolia* Tenore）

灌木至小乔木。花期 5～12 月，果期 9～12 月。产于广东清远、陆丰、广州、南海、深圳、东莞、斗门、新会、台山、阳江、高州、雷州、徐闻等地。生于平地及低海拔丘陵坡地的疏林中。分布于中国华南及台湾、福建。菲律宾、越南也有分布。

成熟的果味甜。根、叶用作草药，能祛风散寒，行气止痛。

广东酒饼簕 Atalantia kwangtungensis Merr.

灌木至小乔木。花期 6～7 月，果期 11 月至翌年 1 月。产于广东电白、阳春及雷州半岛以南地区。生于较低海拔的山地常绿阔叶林中。分布于中国海南、广西。

根皮淡黄色，味微苦，可用作草药，有祛风解表、化痰止咳、行气止痛之功效。

198. 无患子科 Sapindaceae

▶ 倒地铃属 Cardiospermum L.

倒地铃 Cardiospermum halicacabum L.［*C. halicacabum* L. var. *microcarpum*（Kunth）Blume］

草质藤本。花期夏秋，果期秋冬。广东各地有产。常见于村边、荒地和田野。分布于中国长江流域以南各省份。全世界的热带和亚热带地区均有分布。

全株可入药，味苦性凉，有清热利水、凉血解毒和消肿等功效。

212. 五加科 Araliaceae

▶ 楤木属 Aralia L.

黄毛楤木（鸟不宿、海桐皮）**Aralia chinensis** L.

小乔木。花期 7～9 月，果期 9～12 月。产于广东新丰、和平、东莞、广州、深圳等地。生于林中、林缘或灌丛中。分布于中国广西、福建、江西、湖南、湖北、四川、贵州、江苏、浙江、河南、河北、安徽、陕西。

为常用的中草药，有镇痛消炎、祛风行气、祛湿活血之功效，根皮治胃炎、肾炎及风湿疼痛，亦可外敷治刀伤。

台湾毛楤木（黄毛楤木、鸟不企）**Aralia decaisneana** Hance

灌乔木。花期 10 月至翌年 1 月，果期 12 月至翌年 2 月。广东各山区县有产。生于低海拔山谷或阳坡疏林中。分布于中国南方各省份。

根皮为民间草药，有祛风除湿、散瘀消肿之功效，可治风湿腰痛、肝炎及肾炎水肿。

棘茎楤木 Aralia echinocaulis Hand. -Mazz.

小乔木。花期 6～8 月，果期 9～11 月。产于广东乐昌、始兴、连山、云浮、和平等地。生于林内或林缘。分布于中国广西、湖南、湖北、福建、江西、安徽。

单株花量大，泌蜜丰富，是优良的蜜源植物。嫩芽营养丰富，是优良的野菜资源。根皮可入药，有补气安神、舒筋活络之功效。

长刺楤木 Aralia spinifolia Merr.

灌木或小乔木。花期 8～10 月，果期 10～12 月。产于广东乐昌、乳源、始兴、仁化、连州、连山、连南、英德、阳山、翁源、连平、从化、龙门、高要、新兴、台山、阳春、怀集、封开、罗定、德庆、茂名等地。生于山坡林缘阳光充足的地方。分布于中国广西、湖南、江西、福建。

根可入药，有祛风除湿、活血止血之功效。

▶**树参属 Dendropanax** Decne. et Planch.

树参 Dendropanax dentiger（Harms）Merr.

小乔木。花期 8～10 月，果期 10～12 月。广东各地山区有产。生于低海拔山谷阴湿的树林、山坡、林缘。分布于中国南方各省份。越南也有分布。

嫩叶芽可供食用。为民间草药，根、茎、叶入药，可治偏头痛、风湿痹痛等症。

▶**鹅掌柴属 Schefflera** J. R. Forst. et Forst.

球序鹅掌柴 Schefflera pauciflora R. Vig.（*S. glomerulata* Li）

小乔木。花期 8～9 月，果期 9～10 月。产于广东信宜、阳春。生于山谷或山坡常绿阔叶林中。分布于中国广西、云南、贵州。

根及树皮入药，可治跌打损伤、风湿性关节炎。

鹅掌柴 Schefflera heptaphylla（L.）Frodin［*S. octophylla*（Lour.）Harms］

乔木。花期 9～12 月，果期 12 月至翌年 2 月。广东各地有产。生于中低海拔的常绿阔叶林或针阔混交林中。分布于中国广西、湖南、江西、西藏、贵州、云南、浙江、福建、台湾。印度、越南、日本也有分布。

是南方秋冬季的蜜源植物。具观赏性，用于庭院孤植或片植。

星毛鸭脚木 Schefflera minutistellata Merr. ex Li

小乔木。花期 8～10 月，果期 10～12 月。产于广东乐昌、乳源、始兴、仁化、英德、阳山、新丰、怀集、阳春、罗定、封开、茂名。生于山地密林或疏林中。分布于中国广西、湖南、福建、江西、云南、贵州。

茎、根或根皮可入药，有祛风散寒、接骨续伤之功效。

214. 山柳科 Clethraceae

▶ **桤叶树属 Clethra** Gronov. ex L.

贵州桤叶树 Clethra kaipoensis Lévl.

落叶灌木或乔木。花期 7～8 月，果期 9～10 月。产于广东乐昌、连州、阳山、仁化、连平。生于海拔 250～1 800 米的山谷密林、疏林中或林缘。分布于中国广西、福建、江西、湖南、贵州。

215. 杜鹃花科 Ericaceae

▶ **杜鹃花属 Rhododendron** L.

猴头杜鹃（南华杜鹃）**Rhododendron simiarum** Hance

灌木或小乔木。花期 4～5 月，果期 9～10 月。产于广东乐昌、乳源、始兴、曲江、阳山、新丰、翁源、从化、和平、梅州、博罗、肇庆、阳春、信宜等地。生于中高海拔的疏林中或林缘。分布于中国华南及湖南、江西、福建、浙江。

花艳丽，叶厚革质，为良好的观花灌木。

216. 越橘科 Vacciniaceae

▶ **乌饭树属 Vaccinium** L.

黄背越橘（鼠刺乌饭树）**Vaccinium iteophyllum** Hance

灌木或小乔木。花期 4～5 月，果期 6～8 月。广东北部山区有产。生于海拔 750～1 300 米的阳坡疏林中。分布于中国云南至长江流域以南各省份。越南也有分布。

232. 茜草科 Rubiaceae

▶ **流苏子属 Coptosapelta** Korth.

流苏子 Coptosapelta diffusa（Champ. ex Benth.）Van Steenis（*Thysanospermum diffusum* Champ. ex Benth.）

藤本或攀缘灌木。花期 5～7 月，果期 6～12 月。广东大部分地区有产。生于海拔 100～1 000 米的山地林中、丘陵灌丛中。分布于中国香港、广西、安徽、浙江、江西、福建、台湾、湖北、湖南、四川、贵州、云南。日本也有分布。

是较好的蜜源植物。根辛辣，可治皮炎。

▶ **水锦树属 Wendlandia** Bartl. ex DC.

水锦树 Wendlandia uvariifolia Hance

灌木或乔木。花期 1～5 月，果期 4～10 月。产于广东清远、博罗、增城、从化、南海、斗门、顺德、高要、江门、新兴、郁南、罗定、怀集、封开、阳春、信宜、湛江等地。生于中低海拔的山地林中或林缘。分布于中国海南、广西、台湾、贵州、云南。越南也有分布。

开花期时，白色花序挂满枝头，素雅美观，为较优良的木本花卉。叶和根可作药用，有活血散瘀之功效。

238. 菊科 Compositae

▶ **菊属** Chrysanthemum L.

野菊 Chrysanthemum indicum L.（*Dendranthema indicum* L.）

草本。花果期 6～11 月。产于广东乐昌、乳源、始兴、南雄、连州、连山、连南、阳山、新丰、连平、和平、龙门、罗定、台山、东莞、深圳、广州等地。生于海拔 400～1 000 米的山坡草地、灌丛、河边湿地、滨海盐渍地等。分布于中国华南、西南、东北、华北、华中各地。印度、日本、朝鲜、俄罗斯也有分布。

全草入药，有清热解毒、疏风散热、散瘀、明目、降血压等功效。

▶ **黄鹌菜属** Youngia Cass.

黄鹌菜 Youngia japonica（L.）DC.

草本。花果期 4～10 月。广东各地有产。生于中低海拔的山坡、山谷、山沟的林缘林下、林间草地、田间与荒地上。分布于中国华南、华中、华东、西南及河北、陕西、甘肃。越南、日本、印度、菲律宾及朝鲜、马来半岛也有分布。

可作蔬菜食用。全株也可药用，能清热解毒、通结气、利咽喉。

243. 桔梗科 Campanulaceae

▶ **金钱豹属** Campanumoea Blume

大花金钱豹（土党参）**Campanumoea javanica** Blume

藤本。花果期 5～11 月。广东大部分地区有产。生于海拔 100～1 000 米的山地灌丛、林缘。分布于中国华南及福建、江西、江苏、湖南、湖北、贵州、云南、四川。印度、不丹至印度尼西亚也有分布。

果实味甜，可食。根入药，有清热、镇静之功效，可治神经衰弱等症，也可蔬食。花和果具观赏性。

249. 紫草科 Boraginaceae

▶ **厚壳树属** Ehretia L.

厚壳树 Ehretia acuminata R. Br.［*E. thyrsiflora*（Siebold et Zucc.）Nakai］

乔木。花期 4～5 月，果熟期 7 月。广东大部分地区有产。生于丘陵、平原疏林、山坡灌丛及山谷密林。分布于中国华南、华东、西南及河南等地。日本、越南也有分布。

花香密集，是蜜源植物，也是良好的观赏树和景观树。嫩芽可供食用。叶、心材、树枝可入药，有清热暑、社腐生肌之功效。

粗糠树 Ehretia dicksonii Hance（*E. macrophylla* Wall.）

乔木。花期 3～5 月，果期 6～7 月。产于广东始兴、大埔、云浮、阳江、信宜等地。生于山坡疏林及土质肥沃的山脚阴湿处。分布中国华南、西南、华东及河南、陕西、甘肃南部和青海南部。日本、越南、不丹、尼泊尔也有分布。

263. 马鞭草科 Verbenaceae

▶ **牡荆属** Vitex L.

黄荆 Vitex negundo L.

灌木或小乔木。花期 4～6 月，果期 7～10 月。广东大部分地区有产。生于中低海拔的山坡、路旁、平原和村边。分布于中国长江流域及其以南各省份，北达秦岭和淮河。非洲东部经马达加斯加、亚洲东南部及南美洲的玻利维亚也有分布。

是良好的蜜源植物。茎皮可造纸及制人造棉，花和枝叶可提取芳香油。也可供药用，茎叶治久痢，种子有镇静、镇痛之功效，根可驱蛲虫。

牡荆 Vitex negundo L. var. **cannabifolia**（Siebold et Zucc.）Hand. -Mazz.

灌木或小乔木。花期 6～7 月，果期 8～11 月。广东大部分地区有产。生于中低海拔的山坡灌丛中、林缘。分布于中国华东各省份及广西、河北、湖南、湖北、四川、贵州、云南。日本也有分布。

茎皮可造纸及制人造棉，花和枝叶可提取芳香油。也可供药用，茎叶治久痢，种子有镇静、镇痛之功效，根可驱蛲虫。

山牡荆 Vitex quinata（Lour.）Will.

乔木。花期 5～7 月，果期 8～9 月。广东大部分地区有产。生于海拔 100～700 米的林中。分布于中国广西、海南、台湾、福建、江西、浙江、湖南。日本、印度、马来西亚和菲律宾也有分布。

适于作桶、门、窗、天花板、文具、胶合板等用材。民间用山杜荆的叶煮水喝，治疗肝病。

广东牡荆 Vitex sampsoni Hance

灌木或小灌木。花果期 5～9 月。产于广东德庆、高要等地。生于山坡路旁或荒草地。分布于中国广西、湖南和江西。

具观赏性。

264. 唇形科 Labiatae

▶ **香茶菜属** Isodon（Schrad. ex Benth.）Spach

香茶菜 Isodon amethystoides（Benth.）H. Hara

草本。花期 6～10 月，果期 9～11 月。产于广东乐昌、始兴、翁源、连平、龙门、兴宁、潮安、惠东、深圳、东莞、广州、怀集、郁南、阳春等地。生于海拔 300～1 000 米的林下和山地路旁草丛中。分布于中国香港、广西、台湾、福建、江西、江苏、浙江、安徽、湖北、贵州。

为蜜源植物。茎和叶药用，有清热利湿、活血散瘀、解毒消肿之功效，用于治疗湿热黄疸、淋证、水肿、咽喉肿痛、关节痹痛、闭经、痔疮等症。

牛尾草 Isodon ternifolius（D. Don）Kudo

草本或亚灌木。花期 9 月至翌年 2 月，果期 12 月至翌年 5 月。产于广东乐昌、始兴、乳源、英德、连平、和平、从化、博罗、台山、高要、新兴、阳春、茂名。生于空旷山坡上或疏林下。分布于中国广西、云南和贵州。尼泊尔、印度、不丹、缅甸、泰国、老挝、越南北部也有分布。

为蜜源植物。全草入药，有消炎灭菌、清热解毒之功效，可治疟疾、小儿疳积及毒蛇咬伤、牙痛，外用洗各种毒疮及红肿部分，可消炎止痛。

▶**假糙苏属** Paraphlomis Prain

狭叶假糙苏 Paraphlomis javanica（Blume）Prain var. **angustifolia**（C. Y. Wu）C. Y. Wu et H. W. Li

草本。花期 6～8 月，果期 11～12 月。产于广东乐昌、乳源、始兴、仁化、阳山、英德、和平、龙门、从化、博罗、深圳、罗定、阳春等。生于海拔 200～1 200 米的常绿林中或林缘。分布于中国华南及福建、湖南、贵州、云南、四川。越南也有分布。

小叶假糙苏 Paraphlomis javanica（Blume）Prain var. **coronata**（Vaniot）C. Y. Wu et H. W. Li

草本。产于广东乐昌、乳源、仁化、连州、阳山、英德、翁源、高要、怀集、封开、德庆、茂名等地。生于海拔 500～1 200 米的常绿林下或林缘。分布于中国华南及台湾、江西、湖南、贵州、云南、四川。

▶**鼠尾草属** Salvia L.

华鼠尾草 Salvia chinensis Benth.

一年生草本。花期 8～10 月。产于广东乐昌、乳源、连州、珠海等地。生于海拔 100～500 米的疏林下、林缘或草丛中。分布于中国香港、广西、台湾、福建、江西、浙江、江苏、安徽、湖南、湖北、山东、四川等地。

为蜜源植物。适宜庭院种植，或用于布置花坛、花境等。全草可供药用。

鼠尾草 Salvia japonica Thunb.

草本。花期 6～9 月。广东大部分地区有产。生于海拔 100～1 000 米的山地林边、旷野、路旁等。分布于中国香港、广西、台湾、福建、江西、浙江、江苏、安徽、湖南、湖北等地。日本也有分布。

为蜜源植物。花冠淡红、淡紫、淡蓝至白色，色彩多样，适宜花坛、花境布景，或水边、路旁种植。也可供药用。

红根草 Salvia prionitis Hance

草本。产于广东乐昌、乳源、广州等地。生于林缘或林区路边。分布于中国广西、江西、浙江、安徽、湖南等省份。

为蜜源植物。也是中成药"复方红根草片"的主要原料，具有良好的抗菌解毒、清热除湿、活血调经作用。

七、药用植物

—石松类和蕨类植物—

P4. 卷柏科 Selaginellaceae

▶卷柏属 Selaginella P. Beauv.

垫状卷柏 Selaginella pulvinata（Hook. et Grev.）Maxim.

草本。产于广东阳西、阳春等地。生于山地潮湿的石上。分布于中国广西、贵州、重庆、甘肃、河北、河南、辽宁、陕西、山西、四川、西藏等地。印度北部、韩国、蒙古、尼泊尔、俄罗斯（西伯利亚）、泰国、越南也有分布。

药用，为中药材卷柏的来源植物。也可供观赏。

卷柏 Selaginella tamariscina（P. Beauv.）Spring

草本。产于广东连州、仁化、平远、深圳、东莞、阳春、茂名。生于山地岩石上。分布于中国广西、海南、香港、四川、台湾、江西、福建、浙江、安徽、山东、甘肃、内蒙古、吉林。日本、印度、菲律宾、朝鲜、俄罗斯也有分布。

药用，为中药材卷柏的来源植物。也可供观赏。

P19. 蚌壳蕨科 Dicksoniaceae

▶金毛狗属 Cibotium Kaulf.

金毛狗 Cibotium barometz（L.）J. Sm.

大型陆生蕨类。广东各地有产。生于海拔 100～1 200 米的山谷、坡地、丘陵、溪边、林下。分布于中国华南、西南、华中、华东。印度、缅甸、泰国、马来西亚也有分布。

药用，为中药材狗脊的来源植物；根状茎顶端的长软毛为止血剂，又可为填充物。株形高大，叶姿优美，在庭院中适于作林下配置或在林荫处种植。国家二级重点保护野生植物。

P56. 水龙骨科 Polypodiaceae

▶石韦属 Pyrrosia Mirbel

石韦 Pyrrosia lingua（Thunb.）Farwell

草本。广东各山区县有产。附生于海拔 100～1 500 米的石上或树干上。分布于中国长江以南各省份，北至甘肃、西到西藏、东至台湾。印度、越南、朝鲜、日本也有分布。

药用，为中药材石韦的来源植物。

P57. 槲蕨科 Drynariaceae

▶**槲蕨属** Drynaria（Bory）J. Sm.

槲蕨 Drynaria roosii Nakaike［*D. fortunei*（Kunze ex Mett.）J. Sm.］

草本。产于广东乐昌、乳源、连州、连山、连南、南雄、始兴、仁化、英德、阳山、翁源、新丰、和平、连平、龙川、紫金、从化、平远、高要、怀集、封开。生于海拔100～1 500米的山地林中石上或树干上。分布于中国华南、华东、华中、西南。越南、老挝、柬埔寨、泰国、印度也有分布。

药用，为中药材骨碎补的来源植物。也可供观赏。

—裸子植物—

G9. 红豆杉科 Taxaceae

▶**红豆杉属** Taxus L.

南方红豆杉（血柏、红叶水杉、海罗松）**Taxus wallichiana** Zucc. var. **mairei**（Lem. et Lévl.）L. K. Fu et N. Li

乔木。产于广东乐昌、乳源、连州、连山、连南、仁化、怀集。生于海拔1 200米以下的山地林中、林缘。分布于中国广西、湖南、江西、福建、台湾、浙江、安徽、河南、湖北、四川、贵州、云南、甘肃、陕西。印度、老挝、缅甸和越南也有分布。

药用，为中药材南方红豆杉的来源植物，枝和叶有驱虫、消积食、抗癌之功效。树形秀丽，秋季整树挂满娇艳欲滴的红色假"果"，极为美观，为优美的庭园观赏树种。国家一级重点保护野生植物。

—被子植物—

3. 五味子科 Schisandraceae

▶**五味子属** Schisandra Michx.

华中五味子 Schisandra sphenanthera Rehd. et Wils.

藤本。花期4～7月，果期7～9月。产于广东乐昌。生于山地林中或灌丛。分布于中国广西、云南、四川、江西、湖南。

药用，为中药材南五味子的来源植物。也可供观赏。

11. 樟科 Lauraceae

▶**樟属** Cinnamomum Schaeff.

阴香（香胶叶、山桂皮、山玉桂）**Cinnamomum burmannii**（Nees et T. Nees）Blume

乔木。花期主要在秋季，果期冬末及春季。广东大部分地区有产。生于山谷林中。分布于中国华南及福建、云南。亚洲热带地区也有分布。

药用，为中药土肉桂的来源植物。其树冠伞形或近圆球形，四季常青，株态优美、清香自然、是庭园观赏和园林绿化树种。

▶ **山胡椒属 Lindera** Thunb.

乌药（香叶子、白叶子树、土木香）**Lindera aggregata**（Sims）Kosterm.

灌木或小乔木。花期3～4月，果期5～11月。广东大部分地区有产。生于山谷、山坡疏林中或林缘。分布于中国广西、江西、福建、浙江、安徽、湖南、台湾等地。

药用，为中药乌药的来源植物；根为散寒理气健胃药。也可供观赏。

15. 毛茛科 Ranunculaceae

▶ **铁线莲属 Clematis** L.

威灵仙（移星草、九里火、乌头力刚）**Clematis chinensis** Osbeck

木质藤本。花期6～9月，果期8～11月。产于广东乐昌、乳源、仁化、连州、连山、连南、英德、阳山、南雄、翁源、新丰、龙门、博罗、河源、广州、深圳、东莞、高要、南海、云浮、封开等地。生于山坡、山谷林中。分布于中国秦岭以南亚热带地区。越南也有分布。

药用，为中药威灵仙的来源植物；根入药，能祛风湿、利尿；鲜株能治急性扁桃体炎、咽喉炎。也可作为庭园观赏和园林绿化树种。

▶ **黄连属 Coptis** Salisb.

短萼黄连 Coptis chinensis Franch. var. **brevisepala** W. T. Wang et Hsiao

草本。花期2～3月，果期4～6月。产于广东乐昌、乳源、连州、连山、连南、英德、新丰、和平、连平、龙门、从化、阳春。生于中高海拔的山谷林下潮湿的岩石上。分布于中国广西、湖南、江西、福建、浙江、安徽。

为中国传统中药，药用历史悠久，富含生物碱，药效显著，有清热燥湿、泻火解毒之功效，具有广谱抗生素的作用。国家二级重点保护野生植物。广东省重点保护野生植物。

18. 睡莲科 Nymphaeaceae

▶ **莲属 Nelumbo** Adans.

莲（荷花、菡萏、芙蓉）**Nelumbo nucifera** Gaertn

草本。花期6～8月，果期8～10月。广东各地有产。生于湖泊、池塘或水田中。中国广泛分布。俄罗斯、朝鲜、日本及亚洲东南部、大洋洲也有分布。

药用，为中药荷叶的来源植物；叶、花托、花、果实、种子及根状茎均作药用。根状茎（藕）作蔬菜或提制淀粉（藕粉）。种子供食用。藕及莲子为营养品。

19. 小檗科 Berberidaceae

▶ **十大功劳属 Mahonia** Nutt.

阔叶十大功劳 Mahonia bealei（Fort.）Carr.

灌木。花期9月至翌年1月，果期3～5月。产于广东乐昌、乳源、连州、连山、连南、阳山、仁化、英德、翁源、和平、连平。生于竹林及混交林下、山谷林下、林缘、溪边灌丛中。分布于中国秦岭至大别山以南和四川、贵州以东各省份。在日本、墨西哥、美国温暖地区以及欧洲等地已广为栽培。

药用，为中药功劳木的来源植物；全株入药，能清热解毒、消肿、止泻，治肺结核。花序金黄色，果实深蓝色，叶形奇特秀丽，具有较高的观赏价值。

21. 木通科 Lardizabalaceae

▶ **大血藤属** Sargentodoxa Rehd. et Wils.

大血藤 Sargentodoxa cuneata（Oliv.）Rehd. et Wils.

木质藤本。花期 4～5 月，果期 6～9 月。产于广东乳源、乐昌、连州、连山、连南、仁化、始兴、深圳、东莞、新兴、高要等地。生于山谷溪边林下、灌丛。分布于中国华南及河南、江苏、安徽、浙江、江西、湖南、湖北、四川、云南。老挝、越南也有分布。

根及茎均可供药用，为中药大血藤的来源植物，有通经活络、散瘀痛、理气行血、杀虫等功效。茎皮含纤维，可制绳索。

23. 防己科 Menispermaceae

▶ **风龙属** Sinomenium Diels

风龙（青藤）**Sinomenium acutum**（Thunb.）Rehd. et Wils.

木质藤本。花期夏季，果期秋末。产于广东乐昌、乳源、连州、阳山。生于山地林中。分布于中国长江流域以南各省份。日本也有分布。

药用，为中药青风藤的来源植物；根、茎可治风湿关节痛。根含多种生物碱。

▶ **千金藤属** Stephania Lour.

粉防己 Stephania tetrandra S. Moore

藤本。花期夏季，果期秋季。产于广东乐昌、南雄、英德、始兴、翁源、和平、广州、新兴、阳江等地。生于山谷疏林、林缘、灌丛。分布于中国华南及浙江、安徽、福建、台湾、湖南、江西。

药用，为中药防己的来源植物。肉质主根入药，味苦辛，性寒，能祛风除湿、利尿通淋。

▶ **青牛胆属** Tinospora Miers

青牛胆（金果榄、山慈姑、九牛子）**Tinospora sagittata**（Oliv.）Gagnep.

藤本。花期 4 月，果期秋季。产于广东乐昌、乳源、连州、深圳、信宜、阳春。生于山谷、路旁、疏林中。分布于中国华南及贵州、湖南、四川、陕西。

药用，为中药金果榄的来源植物，可清热解毒。

24. 马兜铃科 Aristolochiaceae

▶ **马兜铃属** Aristolochia L.

马兜铃 Aristolochia debilis Siebold et Zucc.

缠绕藤本。花期 7～8 月，果期 9～10 月。产于广东乐昌、仁化、从化等地。生于中高海拔的山谷林中、沟边阴湿处或山坡灌丛中。分布于中国黄河以南各省份。日本也有分布。

药用，为中药天仙藤的来源植物，有理气、祛湿、活血止痛之功效。枝繁叶茂，茎的攀缘能力强，叶形优美，花形奇特，有较高的观赏价值。

28. 胡椒科 Piperaceae

▶ **胡椒属 Piper** L.

风藤 Piper kadsura（Choisy）Ohwi

藤本。花期 5～8 月。产于广东台山。生于山谷溪边林中，攀缘树干上或石上。分布于中国福建、台湾、浙江。日本、朝鲜也有分布。

药用，为中药海风藤的来源植物，有祛风除湿、通经活络之功效。

29. 三白草科 Saururaceae

▶ **蕺菜属 Houttuynia** Thunb.

蕺菜（臭狗耳、狗腥草、狗贴耳、狗点耳）**Houttuynia cordata** Thunb.

草本。花期 4～7 月。广东大部分山区县有产。生于沼泽地、沟边、溪旁或林缘。分布于中国中南部各省份，北至陕西、甘肃。亚洲东部及东南部也有分布。

全株药用，为中药鱼腥草的来源植物，有清热、解毒、利水之功效，可用于治疗肠炎、痢疾、肾炎水肿及乳腺炎、中耳炎等。

30. 金粟兰科 Chloranthaceae

▶ **草珊瑚属 Sarcandra** Gardn.

草珊瑚（九节茶）**Sarcandra glabra**（Thunb.）Nakai

亚灌木。花期 6 月，果期 8～10 月。广东各地有产。生于海拔 420～1 500 米的沟谷、山坡、林下阴湿处。分布于中国长江以南各省份。日本、朝鲜、印度、越南、马来西亚、菲律宾、越南、斯里兰卡也有分布。

全株供药用，为中药肿节风的来源植物，能清热解毒、祛风活血、消肿止痛、抗菌消炎。红果醒目，耐阴，适宜盆栽、花坛观赏。

42. 远志科 Polygalaceae

▶ **远志属 Polygala** L.

黄花倒水莲（观音坠、鸭仔兜）**Polygala fallax** Hemsl.

灌木或小乔木。花期 5～8 月，果期 8～10 月。广东各山区县有产。生于山谷溪边林中或灌丛中。分布于中国长江以南各省份。

药用，为中药材黄花倒水莲的来源植物，根入药，有补气血、健脾利湿、活血调经之功效。串串花序下垂，有"吊吊黄"的美誉，为优良观花植物。

瓜子金（卵叶远志、苦草、辰砂草）**Polygala japonica** Houtt.

草本。花期 4～5 月，果期 5～8 月。产于广东乐昌、乳源、连州、连山、连南、阳山、英德、博罗、平远、饶平。生于中海拔的山坡、路边、空旷草地上。分布于中国广西、湖北、湖南、四川、贵州、云南、江西、江苏、浙江、福建、台湾、山东、陕西、安徽。朝鲜、日本、俄罗斯远东地区、越南、菲律宾、巴布亚新几内亚也有分布。

全草或根药用，为中药材瓜子金的来源植物，有镇咳、化痰、活血、止血、安神、解毒之功效。

57. 蓼科 Polygonaceae

▶ **何首乌属** Fallopia Adans

何首乌（夜交藤、紫乌藤、多花蓼）**Fallopia multiflora**（Thunb.）Harald.

草质藤本。花期 8～9 月，果期 9～10 月。产于广东乐昌、乳源、连州、连山、连南、南雄、始兴、仁化、英德、阳山、翁源、新丰、和平、连平、龙川、紫金、龙门、从化、增城、博罗及粤东、粤西大部分地区。生于旷野、村边、灌丛或多石的山坡。分布于中国长江以南各省份及甘肃。日本、中南半岛也有分布。

药用，为中药材何首乌的来源植物；块根入药，安神、养血、活络。

▶ **萹蓄属** Polygonum L.

火炭母 **Polygonum chinense** L.

多年生草本。花期 7～9 月，果期 8～10 月。广东各地广布。生于山谷湿地、山坡草地、林边。分布于中国华南、华东、华中、西南及陕西南部、甘肃南部。日本、菲律宾、马来西亚、印度、印度尼西亚、缅甸、泰国、越南也有分布。

药用，为中药材火炭母的来源植物；根状茎供药用，可清热解毒、散瘀消肿。

▶ **虎杖属** Reynoutria Houtt.

虎杖（斑庄根、大接骨、酸桶芦）**Reynoutria japonica** Houtt.

草本。花期 8～9 月，果期 9～10 月。广东大部分地区有产。生于山谷、溪边。分布于中国华南、华东、华中及陕西南部、甘肃南部、四川、云南、贵州。朝鲜、日本也有分布。

药用，为中药材虎杖的来源植物，有活血、散瘀、通经、镇咳等功效。

59. 商陆科 Phytolaccaceae

▶ **商陆属** Phytolacca L.

商陆（白母鸡、猪母耳、金七娘）**Phytolacca acinosa** Roxb.

草本。花期 5～8 月，果期 6～10 月。产于广东乐昌、乳源、连州、连山、连南、南雄、始兴、仁化、英德、阳山、翁源、新丰、连平、和平、龙门、龙川、平远、大埔、高要、阳春、封开、罗定、东莞、广州等地。生于山坡、林缘、村旁、旷野、废弃地。中国除内蒙古、新疆、东北外均有分布。朝鲜、日本、印度也有分布。

药用，为中药材商陆的来源植物，可通二便、逐水、散结，治水肿、胀满、脚气、喉痹，外敷治痈肿疮毒，红根有剧毒。也可作兽药及农药。花色素雅，适合栽植于庭院空旷地上或盆栽观赏。果实含鞣质，可提制栲胶。嫩茎叶可供蔬食。

垂序商陆（美商陆、美洲商陆、美国商陆）**Phytolacca americana** L.

草本。花期6～8月，果期8～10月。广东乳源、广州、高要、封开等地有引种栽培或逸生。生于山坡、林缘或路旁。分布于中国江苏、浙江、江西、福建、湖北、河南、河北、陕西、山东、四川、云南。

药用，为中药材商陆的来源植物；根供药用，治水肿、白带、风湿，并有催吐作用；种子利尿；叶有解热作用，并治脚气。全草可作农药。

81. 瑞香科 Thymelaeaceae

▶沉香属 Aquilaria Lam.

土沉香（沉香、芫香、白木香、崖香）**Aquilaria sinensis**（Lour.）Spreng.

乔木。花期春夏，果期夏秋。产于广东新丰、博罗、惠东、惠阳、广州、中山、珠海、东莞、深圳、高要、新会、阳江。生于中海拔的山坡、丘陵地。分布于中国广西、香港、海南、福建、台湾。

药用，为中药材沉香的来源植物，为治胃病特效药。老茎受伤后所积得的树脂，俗称沉香，可作香料原料。树皮纤维柔韧、色白而细致，可作高级纸原料及人造棉。花可制浸膏。国家二级重点保护野生植物。

98. 柽柳科 Tamaricaceae

▶柽柳属 Tamarix L.

柽柳（西河柳、三春柳、红柳）**Tamarix chinensis** Lour.

灌木或小乔木。花期4～9月。广东广州、珠海、中山、德庆等地有栽种或逸生。分布于中国辽宁、河北、河南、山东、江苏、安徽等省份，华东至西南有栽种。

药用，为中药材西河柳的来源植物，可用于治疗痘疹透发不畅或疹毒内陷、感冒、咳嗽、风湿骨痛。可种植于海滨河畔等的盐碱地，或作沙荒地造林之用。材质密而重，可作薪炭柴，亦可作农具用材。树形和花优美，可栽于庭院、公园等作观赏用。

103. 葫芦科 Cucurbitaceae

▶苦瓜属 Momordica L.

木鳖（老鼠拉冬瓜、糯饭果）**Momordica cochinchinensis**（Lour.）Spreng.

粗壮大藤本。花期6～8月，果期8～10月。产于广东乐昌、乳源、仁化、曲江、翁源、龙门、广州、惠东、肇庆、阳江、郁南、信宜、高州、徐闻等地。生于低海拔地区的疏林、灌丛或旷野。分布于中国华南及江西、福建、台湾、浙江、江苏、安徽、湖南、云南、四川、贵州、西藏。印度、菲律宾、缅甸、孟加拉国、泰国、越南、马来西亚等也有分布。

药用，为中药材木鳖子的来源植物，有消肿、解毒止痛之功效。

121. 使君子科 Combretaceae

▶ **使君子属 Quisqualis** L.

使君子（四君子、史君子、舀求子）**Quisqualis indica** L.

缠绕木质藤本。花期初夏，果期秋末。产于广东乐昌、连州、英德、阳山、和平、兴宁、博罗、广州、南海、珠海、高要、阳春、封开、高州、徐闻。常攀缘于疏林中或林缘。分布于中国华南及福建、台湾、江西、湖南、四川、云南、贵州。印度、缅甸、印度尼西亚及菲律宾也有分布。

药用，为中药材使君子的来源植物；种子为中药中最有效的驱蛔药之一，对小儿寄生蛔虫症疗效尤著。生性强健，夏秋季枝繁叶茂，花初为白色，后变成红色，可供观赏。

132. 锦葵科 Malvaceae

▶ **苘麻属 Abutilon** Mill.

苘麻（苘、车轮草、磨盘草）**Abutilon theophrasti** Medic.

亚灌木。花期 7~8 月。产于广东乳源、广州、东莞、肇庆等地。生于旷野或路边。中国除青藏高原外，其他省份均产，东北各地有栽培。越南、印度、日本以及欧洲、北美洲等地区也有分布。

药用，为中药材苘麻子的来源植物；全草可作药用，种子作药用称"冬葵子"，为润滑性利尿剂，并有通乳汁、消乳腺炎等功效。茎皮纤维色白，具光泽，可作编织麻袋、搓绳索、编麻鞋等材料。种子含油量较高，供制皂、油漆和工业用润滑油。

136. 大戟科 Euphorbiaceae

▶ **巴豆属 Croton** L.

巴豆 Croton tiglium L.

小乔木。花期 4~6 月。广东各地有产。生于山地林中、林缘。分布于中国长江以南各省份。亚洲南部和东南部各国也有分布。

药用，为中药材巴豆的来源植物；种子药用，可作泻药，外用于恶疮、疥癣等；根、叶入药，治风湿骨痛等。

▶ **大戟属 Euphorbia** L.

飞扬草（飞相草、乳籽草、大飞扬）**Euphorbia hirta** L.

草本。花果期 6~12 月。广东各地有产。生于村边、路旁、荒地或草地上。分布于中国南部各省份。世界热带和亚热带也有分布。

药用，为中药材飞扬草的来源植物，可治痢疾、肠炎、皮肤湿疹、皮炎、疖肿等；鲜汁外用治癣类。

142. 绣球花科 Hydrangeaceae

▶ 常山属 Dichroa Lour.

常山（鸡骨常山）**Dichroa febrifuga** Lour.

落叶灌木。花期 4～7 月，果期 6～9 月。广东各地有产。生于山坡、山地林下湿润处。分布于中国华南、华中、西南各省份。印度尼西亚、印度、中南半岛、日本、菲律宾也有分布。

药用，为中药材常山的来源植物；根含有常山素，为抗疟疾的重要来源。

143. 蔷薇科 Rosaceae

▶ 蔷薇属 Rosa L.

金樱子（油饼果子、唐樱茢、和尚头）**Rosa laevigata** Michx.

灌木。花期 4～6 月，果期 7～11 月。广东各地有产。生于低海拔的山地林中或灌丛。分布于中国华南、华东、华中、西南及陕西等地。

药用，为中药材金樱子的来源植物；根、叶、果均入药，根有活血散瘀、祛风除湿、解毒收敛及杀虫等功效；叶外用治疮疖、烧烫伤；果能止腹泻并对流感病毒有抑制作用。果实可熬糖及酿酒。根皮含鞣质可提制栲胶。

147. 苏木科 Caesalpiniaceae

▶ 番泻决明属 Senna Mill.

决明（马蹄决明、假绿豆）**Senna tora**（L.）Roxb.

草本。花果期 8～11 月。产于广东乐昌、乳源、英德、阳山、翁源、龙门、河源、蕉岭、海丰、广州、东莞、深圳、高要、新兴、怀集、郁南、封开、罗定、阳春、台山、茂名等地。生于山坡、旷野及河滩沙地上。中国长江以南各省份普遍分布。原产美洲热带地区，现全世界、亚热带地区广泛分布。

药用，为中药材决明子的来源植物，有清肝明目、利水通便之功效。同时，还可提取蓝色染料。

148. 蝶形花科 Papilionaceae

▶ 相思子属 Abrus Adans.

广州相思子（山弯豆、地香根、鸡骨草）**Abrus pulchellus** Wall. ex Thwaites subsp. **cantoniensis**（Hance）Verdc.（*A. cantoniensis* Hance）

攀缘灌木。花期 7～8 月。产于广东广州、深圳。生于海拔约 200 米的疏林、灌丛或山坡。分布于中国广西、香港、海南、湖南。泰国也有分布。

药用，为中药材鸡骨草的来源植物；常根全株及种子均供药用，能清热利湿、舒肝止痛，可治急慢性肝炎及乳腺炎。

▶**黄檀属** Dalbergia L. f.

降香（降香黄檀、降香檀、花梨木、花梨母）**Dalbergia odorifera** T. Chen

乔木。花期 4～6 月，果期 7～11 月。产于广东乳源、乐昌、连山、新丰、博罗、龙门、惠阳、惠东、大埔、深圳、阳春、罗定。生于海拔 350～800 米的山谷密林中，或栽培。分布于中国广西、香港、海南、福建、浙江。

药用，为中药材降香的来源植物，为良好的镇痛剂，也治刀伤出血。国家二级重点保护野生植物。

▶**山蚂蝗属** Desmodium Desv.

广东金钱草（金钱草、铜钱沙、铜钱射草）**Desmodium styracifolium**（Osbeck.）Merr.

草本。花果期 6～9 月。产于广东博罗、广州、深圳、肇庆、新会、云浮等地。生于中低海拔的山坡、草地或灌丛中。分布于中国广西、香港、海南、云南。印度、斯里兰卡、缅甸、泰国、越南、马来西亚也有分布。

药用，为中药材广金钱草的来源植物；全株供药用，有平肝火、清湿热、利尿通淋之功效，可治肾炎浮肿、尿路感染、尿路结石、胆囊结石、黄疸型肝炎、小儿疳积、荨麻疹等。

▶**榼藤属** Entada Adans.

榼藤子（过江龙、扁龙、过岗扁龙、榼子藤）**Entada phaseoloides**（L.）Merr.

藤本。花期 3～6 月，果期 8～11 月。产于广东博罗、深圳、云浮、肇庆、台山、阳春等地。生于山坡混交林中，攀缘于大乔木上。分布于中国广东、广西、台湾、福建、云南、西藏等地。东半球热带地区也有分布。

药用，为中药材过岗龙的来源植物，有活血祛风、壮腰固肾之功效。

▶**山豆根属** Euchresta J. Benn.

山豆根 Euchresta japonica Hook. f. ex Regel

藤状灌木。乐昌、仁化。生于中海拔的山谷或山坡密林下。分布于中国广西、四川、贵州、湖南、江西、浙江。日本、朝鲜也有分布。

干燥根和根茎有清热解毒、消肿利咽之功效，可治火毒蕴结、乳蛾喉痹、咽喉肿痛、齿龈肿痛、口舌生疮。山豆根还有抗癌和抗霉菌作用。国家二级重点保护野生植物。

▶**千斤拔属** Flemingia Roxb. ex W. T. Aiton

千斤拔 Flemingia prostratra C. Y. Wu（*F. philippinensis* Merr. et Rolfe）

亚灌木。花果期夏秋季。产于广东乐昌、乳源、连州、连山、南雄、阳山、翁源、蕉岭、深圳、博罗、广州、珠海、封开、罗定、阳春。生于海拔 50～400 米的平地、丘陵、山坡草地上。分布于中国华南及江西、福建、台湾、湖北、湖南、云南、四川、贵州。菲律宾也有分布。

药用，为中药材千斤拔的来源植物；根可供药用，有祛风除湿、舒筋活络、强筋壮骨、消炎止痛等功效。

▶ **葛属** Pueraria DC.

葛（野葛）**Pueraria montana**（Lour.）Merr.

藤本。花期 9～10 月，果期 11～12 月。广东各地有产。生于疏林或密林中。中国除新疆、青海、西藏外，分布几遍全国。东南亚至澳大利亚亦有分布。

药用，为中药材葛根的来源植物，有解表退热、生津止渴、止泻之功效，并能改善高血压病人的项强、头晕、头痛、耳鸣等症。

粉葛（甘葛藤）**Pueraria montana** var. **thomsonii**（Benth.）M. R. Almeida（*P. thomsonii* Benth.）

藤本。花期 9～10 月，果期 10～11 月。产于广东仁化、翁源、连山、英德、新丰、从化、大埔、惠阳、广州、阳春。生于山野灌丛或疏林中，或栽培。分布于中国华南及云南、四川、西藏、江西。老挝、泰国、缅甸、不丹、印度、菲律宾也有分布。

药用，为中药材粉葛的来源植物。块根含淀粉，供食用，所提取的淀粉称葛粉。

▶ **密花豆属** Spatholobus Hassk.

密花豆（鸡血藤、三叶鸡血藤、龙层风）**Spatholobus suberectus** Dunn

藤本。花期 6～7 月，果期 11～12 月。产于广东英德、深圳、肇庆。生于海拔 400～1 300 米的山地疏林、密林的沟谷或灌丛中。分布于中国广西、福建、云南等省份。

药用，为中药材鸡血藤的来源植物；茎入药，有祛风活血、舒筋活络之功效，主治腰膝酸痛、麻木瘫痪、月经不调等症。

167. 桑科 Moraceae

▶ **榕属** Ficus L.

薜荔（薜荔果、鬼馒头、凉粉果）**Ficus pumila** L.

攀缘或匍匐灌木至藤本。花果期 5～8 月。广东各地有产。生于旷野或村边残墙破壁或树上。分布于中国长江以南各省份。日本、越南也有分布。

药用，为中药材广东王不留行的来源植物。果可作凉粉食用。

171. 冬青科 Aquifoliaceae

▶ **冬青属** Ilex L.

冬青 Ilex chinensis Sims

乔木。花期 4～6 月，果期 7～12 月。产于广东乐昌、乳源、阳山。生于海拔 500～1 000 米的山地常绿阔叶林中。分布于中国广西、湖北、湖南、江苏、安徽、浙江、江西、福建、台湾、河南、云南。

药用，为中药材四季青的来源植物；树皮及种子供药用，为强壮剂，且有较强的抑菌和杀菌作用；叶有清热利湿、消肿镇痛之功效，可治肺炎、急性咽喉炎症、痢疾、胆道感染。

枸骨 Ilex cornuta Lindl. ex Paxt.

灌木或小乔木。花期 4～5 月，果期 10～12 月。广东连州北部有野生，广州、肇庆、深圳有栽培。分布于中国湖南、江西、上海、安徽、浙江、江西、湖北、云南。朝鲜也有分布。

药用，为中药材枸骨叶的来源植物；根、枝叶和果可入药，根有滋补强壮、活络、清风热、祛风湿之功效；枝叶用于治疗肺痨咳嗽、劳伤失血、腰膝痿弱、风湿痹痛。叶形奇特，终年青翠，秋季红果累累，晶莹亮丽，观果期长久，为优良的观叶和观果植物。对有害气体有较强抗性，是工矿区优良绿化树种。

铁冬青（救必应、红果冬青）**Ilex rotunda** Thunb.

乔木。花期 4 月，果期 8～12 月。广东各山区县有产。生于海拔 400～1 100 米的沟边、山地常绿阔叶林中及林缘。分布于中国长江以南各省份及台湾。朝鲜、日本、越南北部也有分布。

药用，为中药材救必应的来源植物；叶和树皮入药，有清热利湿、消炎解毒、消肿镇痛之功效。树形洁净优雅，可观花观果，适作园景树、行道树或盆景。枝叶作造纸糊料原料。树皮可提制染料和栲胶。木材作细工用材。

193. 葡萄科 Vitaceae

▶**蛇葡萄属** Ampelopsis Michx.

白蔹 Ampelopsis japonica（Thunb.）Makino

木质藤本。花期 5～6 月，果期 7～9 月。产于广东乐昌、乳源、南雄、连州。生于中低海拔的山坡、灌丛中。分布于中国广西、江苏、浙江、江西、河南、湖北、湖南、辽宁、吉林、河北、山西、陕西、四川。日本也有分布。

药用，为中药材白蔹的来源植物；块根药用，可清热解毒、消痈散结、敛疮生肌。

194. 芸香科 Rutaceae

▶**柑橘属** Citrus L.

佛手（十指柑、五指柑、五指香橼）**Citrus medica** L. var. **sarcodactylis**（Noot.）Swingle

小乔木。广东各地栽种，以肇庆地区较多，有时逸为野生。分布于中国广西、云南、四川、福建、浙江。

药用，为中药材佛手的来源植物；根、茎、叶、花、果均可入药，辛、苦、甘、温、无毒，有理气化痰、止呕消胀、舒肝健脾、和胃等多种药用功能。

香橼（枸橼）**Citrus medica** L.

小乔木。花期 4～5 月，果期 10～11 月。广东各地栽种，但不普遍，有时逸为野生。中国广西、台湾、福建、贵州零星栽种，云南南部有野生。越南、老挝、泰国、缅甸、印度等国也有分布。

药用，为中药材香橼的来源植物，其干片有清香气，味略苦而微甜、性温、无毒，可理气宽中、消胀降痰。

▶**吴茱萸属** Euodia J. R. et G. Forst.

三桠苦 Euodia lepta（Spreng.）Merr.

乔木。花期 4～6 月，果期 7～10 月。广东各地有产。生于中低海拔的山坡、丘陵较阴湿处。分布于中国华南及台湾、福建、江西、云南、贵州。越南、老挝、泰国也有分布。

药用，为中药材三叉苦的来源植物；根、茎、枝、叶均可入药，有解热、镇痛、抗炎之功效。

▶**九里香属** Murraya J. Koenig ex L.

九里香（石桂树）**Murraya exotica** L.

小乔木或灌木。花期4～8月，果期9～12月。广东沿海岸的沙土灌丛中有零星野生，各地广泛栽培。分布于中国广西、海南、福建、台湾。

药用，为中药材九里香的来源植物，主治跌打肿痛、风湿骨痛、胃痛、牙痛、破伤风、流行性乙型脑炎。

▶**花椒属** Zanthoxylum L.

两面针（大叶猫爪簕、红倒钩簕）**Zanthoxylum nitidum**（Roxb.）DC.

攀缘藤本。花期3～5月，果期9～11月。广东大部分地区有产。生于较低海拔的山地疏林或灌丛中。分布于中国华南及台湾、福建、云南、贵州。菲律宾、越南也有分布。

药用，为中药材两面针的来源植物；根、茎、叶、果皮均用作草药，通常用根；根性凉，有活血、散瘀、镇痛、消肿等功效。

195. 苦木科 Simaroubaceae

▶**鸦胆子属** Brucea J. F. Mill.

鸦胆子（老鸦胆、苦参子、鸦蛋子）**Brucea javanica**（L.）Merr.

灌木或小乔木。花期夏季，果期8～10月。产于广东博罗、广州、深圳、东莞、中山、珠海、台山、阳江、茂名、雷州、廉江、徐闻。生于旷野、山坡灌丛、疏林中。分布于中国华南及福建、台湾、云南、西藏等地。亚洲东南部至大洋洲北部也有分布。

药用，为中药材鸦胆子的来源植物，味苦，性寒，有清热解毒、止痢疾等功效。

▶**苦木属** Picrasma Blume

苦木（苦树）**Picrasma quassioides**（D. Don）Benn.

落叶乔木。花期4～5月，果期6～9月。产于广东乳源、连南、阳山、英德、惠东、深圳、信宜、徐闻等地。分布于中国黄河流域以南各省份。印度、日本、不丹、尼泊尔、朝鲜也有分布。

药用，为中药材苦木的来源植物；树皮及根皮极苦，含苦楝树苷与苦木胺，为苦树中的苦味质，有毒，入药能泻湿热、杀虫治疥。亦为园艺上农药，多用于驱除蔬菜害虫。

196. 橄榄科 Burseraceae

▶**橄榄属** Canarium L.

橄榄（忠果、谏果、青子）**Canarium album**（Lour.）Raeusch.

乔木。花期4～5月，果实10～12月成熟。广东各地常有栽培或野生。分布于中国海南、广西、台湾、福建、云南。越南、日本、马来半岛等地有栽培。

药用，为中药材青果的来源植物，治喉头炎、咳血、烦渴、肠炎腹泻。核可供雕刻。果可生食或渍制。

197. 楝科 Meliaceae

▶ **楝属** Melia L.

楝（苦楝树、金铃子、川楝子）**Melia azedarach** L.

落叶乔木。花期 4～5 月，果期 10～12 月。广东各地常有栽培或野生。生于中低海拔的旷野、荒坡、路旁或疏林中。分布于中国黄河以南地区。广布于亚洲热带和亚热带地区，现各温带地区常有栽培。

药用，为中药材苦楝皮的来源植物；根皮粉调醋可治疥癣。用苦楝子做成油膏可治头癣。果核仁油可供制油漆、润滑油和肥皂。

198. 无患子科 Sapindaceae

▶ **龙眼属** Dimocarpus Lour.

龙眼 Dimocarpus longan Lour.

乔木。花期春夏间，果期夏季。广东大部分地区有栽培，稀逸为野生。分布于中国西南部至东南部。亚洲热带地区都有栽培。

药用，为中药材龙眼肉的来源植物；其假种皮富含维生素和磷质，有益脾、健脑的作用。种子含淀粉，经适当处理后，可酿酒。木材坚实，甚重，暗红褐色，耐水湿，是造船、家具、细工等的优良木材。

204. 省沽油科 Staphyleaceae

▶ **山香圆属** Turpinia Vent.

锐尖山香圆（五寸铁树、尖树、黄柿）**Turpinia arguta** Seem.

小乔木。产于广东新丰、龙门、海丰、惠东、惠阳、博罗、深圳、珠海、台山、阳春、罗定、信宜。生于海拔 500～1 400 米的密林或山谷疏林中。分布于中国西南部和南部。中南半岛、印度尼西亚也有分布。

药用，为中药材山香圆叶的来源植物，具有较好的抗菌消炎作用，可治扁桃体炎、咽喉炎和扁桃体脓肿。

205. 漆树科 Anacardiaceae

▶ **南酸枣属** Choerospondias B. L. Burtt et A. W. Hill.

南酸枣 Choerospondias axillaris（Roxb.）B. L. Burtt et A. W. Hill

落叶乔木。花期春季，果期夏末。广东各地有产。常生于山坡疏林中、旷野，亦有栽培。分布于中国南部至西南部。中南半岛和印度东北部也有分布。

药用，为中药材广枣的来源植物；树皮和果入药，有消炎解毒、止血止痛之功效，外用治大面积水火烧烫伤。果熟后可生食或酿酒。果核可作活性炭原料,树皮和叶可提栲胶。茎皮纤维可作绳索。

212. 五加科 Araliaceae

▶**五加属** Eleutherococcus Maxim.

白簕(白勒花、白簕根、三加皮、鹅掌簕)**Eleutherococcus trifoliatus**(L.)S. Y. Hu〔*Acanthopanax trifoliatus*(L.)Merr.〕

藤状灌木。花期8～11月,果期9～12月。广东各地有产。生于疏林、林缘、灌丛、村边。广布于中国中部和南部各省份。印度、越南、菲律宾、日本也有分布。

药用,为中药材三加皮的来源植物;根和叶入药,有清热解毒、祛风除湿之功效。也是蜜源植物。

213. 伞形科 Apiaceae

▶**蛇床属** Cnidium Cuss.

蛇床(山胡萝卜、蛇米)**Cnidium monnieri**(L.)Cuss.

草本。花期4～7月,果期6～10月。产于广东高要、阳江、廉江等地。生于旷野、溪边、路旁潮湿处。分布于中国东南至西南各省份。俄罗斯、朝鲜、越南及北美、欧洲也有分布。

药用,为中药材蛇床子的来源植物,有燥湿、杀虫止痒、壮阳之功效,可治皮肤湿疹、阴道滴虫、肾虚阳痿等症。

▶**珊瑚菜属** Glehnia F. Schmidt ex Miq.

珊瑚菜(北沙参)**Glehnia littoralis** F. Schmidt ex Miq.

草本。花期6～8月,果期7～8月。产于广东惠来、深圳、吴川、陆丰、阳江等地。生于沿海沙滩。分布于中国海南、福建、台湾、辽宁、河北、山东、江苏。朝鲜、日本、俄罗斯也有分布。

药用,为中药材北沙参的来源植物,与人参、玄参、丹参、党参并称为五参,有清肺、养阴止咳之功效,可治阳虚肺热干咳、虚痨久咳、咽干口渴等症。嫩茎叶可作蔬菜食用。叶绿繁茂,花序大而突出,可以作为地被植物在园林绿地中种植。国家二级重点保护野生植物。

223. 紫金牛科 Myrsinaceae

▶**紫金牛属** Ardisia Sw.

朱砂根 Ardisia crenata Sims

灌木。花期5～6月,果期9～12月或2～4月。广东大部分地区有产。生于中低海拔的疏林、密林下或阴湿的灌木丛中。分布于中国台湾至西藏东南部、湖北至海南等地区。印度、缅甸、印度尼西亚和日本也有分布。

药用,为中药材朱砂根的来源植物,是民间常用的中草药之一;根、叶可祛风除湿、散瘀止痛、通经活络。株形玲珑巧致，花有微香，秋冬季果实累累，鲜红艳丽，经久不落，是珍贵的观果植物。果可食，亦可榨油，油可供制肥皂。

走马胎 Ardisia gigantifolia Stapf

大灌木或亚灌木。花期 4～6 月，有时 2～3 月，果期 11 月至翌年 4 月。广东大部分地区有产。生于山坡疏林、密林下阴湿处。分布于中国广西、江西、福建、云南。越南北部也有分布。

药用，为中药材走马胎的来源植物，是民间常用的跌打药，有消除疲劳、活血、行血之功效。亦作兽药。也可作为盆栽植物观赏，观花观果皆宜。广东省重点保护野生植物。

228. 马钱科 Loganiaceae

▶**钩吻属 Gelsemium Juss.**

钩吻（大茶药、断肠草、胡蔓藤）**Gelsemium elegans**（Gardn. et Champ.）Benth.

木质大藤本。花期 5～11 月，果期 7 月至翌年 3 月。广东各地有产。生于丘陵山坡疏林下、灌丛中。分布于中国华南及云南、贵州、湖南、浙江、福建。亚洲东南部也有分布。

药用，为中药材钩吻的来源植物，有消肿止痛、拔毒杀虫之功效；华南地区常用作中兽医草药，对猪、牛、羊有驱虫功效；亦可作农药，防治水稻螟虫。

229. 木樨科 Oleaceae

▶**女贞属 Ligustrum L.**

女贞（大叶女贞、冬青）**Ligustrum lucidum Ait.**

灌木或乔木。花期 5～7 月，果期 7 月至翌年 5 月。产于广东韶关、连州、连山、连南、英德、阳山、翁源、和平、紫金、大埔、广州、肇庆、郁南、阳春、信宜等地。生于海拔 1 600 米以下的疏林、密林中或井缘。分布于中国长江以南至华南、西南各省份，向西北分布至陕西、甘肃。朝鲜也有分布，印度、尼泊尔有栽培。

药用，为中药材女贞子的来源植物，有滋养肝肾、强腰膝、乌须明目之功效；叶药用，能解热镇痛。种子油可制肥皂。花可提取芳香油。果含淀粉，可供酿酒或制酱油。夏季满树白花似雪，浓荫如盖，宜作绿篱、绿墙栽植，亦可作为行道树。

230. 夹竹桃科 Apocynaceae

▶**络石属 Trachelospermum Lem.**

络石（万字茉莉、络石藤）**Trachelospermum jasminoides**（Lindl.）Lem.

木质藤本。花期夏季，果期秋季。广东各地有产。生于沟谷、山坡杂木林中，常攀缘于树上或岩石上。分布于中国广西、江苏、浙江、山东、安徽、河北、河南、湖北、湖南、贵州、四川、陕西、甘肃、宁夏等省份。

药用，为中药材络石藤的来源植物；根、茎、叶供药用，为强壮剂和镇痛药，有解毒之功效。

231. 萝藦科 Asclepiadaceae

▶鹅绒藤属 Cynanchum L.

徐长卿 Cynanchum paniculatum（Bunge）Kitagawa

直立草本。花期 5~7 月，果期 9~12 月。产于广东乐昌、南雄、连州、连山、阳山、和平、兴宁等地。生于阳坡草丛中。分布于中国华东、华中、西南及广西、辽宁、河北、陕西、内蒙古、山西等地。日本、朝鲜也有分布。

全草入药，是中药材寮刁竹的来源植物。也可供观赏。

232. 茜草科 Rubiaceae

▶栀子属 Gardenia J. Ellis

栀子（黄栀子、栀子花、白蟾花）**Gardenia jasminoides** J. Ellis

灌木。花期 3~7 月，果期 5 月至翌年 2 月。广东各地有产。生于中低海拔的林下、丘陵、山谷、山坡灌丛中。分布于中国长江流域以南各地。日本、朝鲜、越南、老挝、柬埔寨、印度、尼泊尔、巴基斯坦及太平洋岛屿、美洲北部也有分布。

药用，为中药材栀子的来源植物，有清热利尿、泻火除烦、凉血解毒、散瘀之功效。从成熟果实可提取栀子黄色素，在民间作染料应用，在化妆等工业中用作天然着色剂原料，也是一种品质优良的天然食品色素。枝繁叶茂，花朵美丽，香气浓郁，为庭园中优良的美化植物材料。

▶巴戟天属 Morinda L.

巴戟天 Morinda officinalis How

藤本。花期 5~7 月，果熟期 10~11 月。产于广东乳源、英德、新丰、连平、和平、五华、兴宁、大埔、博罗、珠海、高要、恩平、德庆、云浮、怀集、封开、茂名、阳春、广州等地。生于海拔 100~700 米的山地疏林下、林缘、灌丛中，攀于灌木或树干上。分布于中国广西、海南、福建。中南半岛也有分布。

药用，为中药材巴戟天的来源植物，主治肾虚、月经不调、少腹冷痛、风湿痹痛、筋骨痿软。国家二级重点保护野生植物。广东省重点保护野生植物。

▶钩藤属 Uncaria Schreb.

毛钩藤（台湾风藤、倒吊风藤）**Uncaria hirsuta** Havil.

藤本。花果期几乎全年。产于广东乐昌、英德、翁源、佛冈、从化、花都、大埔、博罗、高要、郁南、怀集、阳春、封开、信宜。生于海拔 100~700 米的山地或丘陵的林中、灌丛。分布于中国香港、广西、福建、台湾、贵州。

药用，为中药材钩藤的来源植物，性味甘苦、微寒，有清热平肝、熄风止痉之功效，主治小儿惊风、夜啼、热盛动风、肝阳眩晕、肝火头胀痛等症。

大叶钩藤 Uncaria macrophylla Wall.

大藤本。花期夏季，果期秋季。产于广东博罗、新兴、阳春、信宜、高州。生于中低海拔的次生林中或林缘，攀缘于树枝或林冠上。分布于中国华南及云南。印度、不丹、孟加拉国、缅甸、泰国北部、老挝、越南也有分布。

药用，为中药材钩藤的来源植物，有清火解毒、消肿止痛、祛风、通气血之功效。

钩藤 Uncaria rhynchophylla（Miq.）Miq. ex Havil.

藤本。花果期 5～12 月。广东大部分地区有产。生于山谷、溪边的疏林或灌丛中。分布于中国广西、云南、贵州、福建、湖南、湖北、江西。日本也有分布。

药用，为中药材钩藤的来源植物，有清血平肝、息风定惊之功效，可治风热头痛、感冒夹惊、惊痫抽搐等症；所含钩藤碱有降血压作用。

233. 忍冬科 Caprifoliaceae

▶**忍冬属 Lonicera L.**

华南忍冬（水银花、毛柱金银花、土忍冬、左转藤、山银花、黄鳝花）**Lonicera confusa**（Sweet）DC.

藤本。花期 4～5 月，有时 9～10 月开第二次花，果熟期 10～11 月。产于广东南雄、惠阳、潮安、博罗、龙门、广州、肇庆、新兴、台山、罗定、郁南、阳春、信宜、高州、徐闻等地。生于海拔 200～1 000 米的山坡、灌丛、丘陵、旷野等。分布于中国华南地区。越南、尼泊尔也有分布。

花供药用，为中药材山银花的来源植物，也是华南地区中药材金银花的主要植物品种，有清热解毒之功效；藤和叶也可入药。花多，芳香美丽，可作为棚架观察植物。

忍冬（金银花、老翁须、鸳鸯藤、蜜桷藤）**Lonicera japonica** Thunb.

半常绿藤本。花期 4～6 月，有时秋季开花，果熟期 10～11 月。产于广东乳源、乐昌、始兴、曲江、仁化、连山、连南、阳山、平远、东莞等地。生于海拔 200～800 米的山地、山坡疏林灌丛中。除黑龙江、内蒙古、宁夏、青海、新疆、海南和西藏外，全国大部分省份均有分布。日本、朝鲜也有分布。

药用，为中药材金银花、忍冬藤的来源植物；花性甘寒，可清热解毒、消炎退肿，对细菌性痢疾和各种化脓性疾病都有效。已生产的金银花制剂有银翘解毒片、银黄片、银黄注射液等。花芳香，初开时为雪白色，但 2～3 天后即为金黄色，适宜种在小院角落，是垂直绿化的好品种。

菰腺忍冬（红腺忍冬）**Lonicera hypoglauca** Miq.

落叶藤本。花期 4～6 月，果期 10～11 月。广东大部分地区有产。生于海拔 200～700 米的山坡、山谷灌丛中。分布于中国广西、四川、贵州、云南。日本也有分布。

药用，为中药材山银花的来源植物；花蕾供药用，有清热解毒之功效，主治温病发热、热毒血痢、痈肿疔疮、喉痹及多种感染性疾病。

灰毡毛忍冬（拟大花忍冬、大金银花）**Lonicera macranthoides** Hand.-Mazz.

藤本。花期 4～5 月，果期 7～8 月。产于广东乳源、连州、阳山、翁源、博罗。生于海拔 300～1 200 米的山谷、山坡疏林中、路旁灌丛。分布于中国广西、安徽、浙江、江西、福建、湖北、湖南、四川、贵州。尼泊尔、不丹、印度北部至缅甸和越南也有分布。

药用，为中药材山银花的来源植物，有清热解毒之功效，用于治疗温病、热毒血痢、痈肿疔疮、喉痹，现代多用于治疗多种感染性疾病。

238. 菊科 Compositae

▶ **蒿属** Artemisia L.

黄花蒿（香蒿）**Artemisia annua** L.

草本。花果期 8～11 月。广东大部分地区有产。生境适应性强，生长在路旁、荒地、山坡、林缘等。亚洲、欧洲、非洲及加拿大、美国也有分布。

药用，为中药材青蒿的来源植物，有清热、解暑、截疟、凉血、利尿、健胃、止盗汗之功效。南方民间取枝叶制酒饼或作制酱的香料。也可作饲料和绿肥。

▶ **鬼针草属** Bidens L.

鬼针草（三叶鬼针草、虾钳草、粘人草）**Bidens pilosa** L.

草本。花果期 8～10 月。广东大部分地区有产。生于村旁、田野路边及荒地中。分布于中国华南、华东、华中、西南各省份。广布于亚洲和美洲的热带和亚热带地区。

为我国民间常用草药，是中药材金盏银盘的来源植物，药用有清热解毒、散瘀活血之功效，主治上呼吸道感染、咽喉肿痛、急性阑尾炎、急性黄疸型肝炎、胃肠炎、风湿关节疼痛、疟疾等，外用治疮疖、毒蛇咬伤、跌打肿痛。

金盏银盘 Bidens biternata（Lour.）Merr. et Sherff

草本。花期 9～10 月。产于广东连山、连南、翁源、新丰、龙门、博罗、海丰、肇庆、云浮、阳春、徐闻。生于路边、村旁及荒地中。分布于中国华南、华东、华中、西南及河北、山西、辽宁等地。朝鲜、日本、东南亚各国以及非洲、大洋洲均有分布。

全草入药，是中药材金盏银盘的来源植物。

▶ **天名精属** Carpesium L.

天名精（地菘、天蔓青、鹤虱）**Carpesium abrotanoides** L.

草本。花期 6～8 月，果期 9～10 月。产于广东乐昌、乳源、始兴、英德、阳山、翁源、龙门、和平、高要等地。生于中低海拔地区的村旁、荒地、路边、溪边、林缘等。分布于中国华东、华中及河北、陕西、西藏。朝鲜、日本、越南、缅甸、印度、伊朗、俄罗斯也有分布。

药用，为中药材鹤虱的来源植物，可清热解毒、祛痰止血，主治咽喉肿痛、扁桃体炎、支气管炎，外用治创伤出血、疔疮肿毒、蛇虫咬伤。

▶ **石胡荽属** Centipeda Lour.

石胡荽（鹅不食草）**Centipeda minima**（L.）A. Br. et Aschers.

草本。花期 3～6 月，果期 9～11 月。产于广东始兴、陆丰、海丰、深圳、东莞、台山、阳江、封开等地。生于旷地或湿地上。分布于中国华南、西南、华中、华东和东北地区。日本、朝鲜、印度、泰国、马来西亚、澳大利亚也有分布。

药用，为中药材鹅不食草的来源植物，有发散风寒、通鼻窍、止咳、解毒之功效，主治风寒感冒、鼻塞不通、寒痰咳喘、疮痈肿毒。

▶**鳢肠属** Eclipta L.

鳢肠（凉粉草、墨汁草、墨旱莲）**Eclipta prostrata** L.

草本。花期 6～9 月。广东各地有产。生于海拔 300～900 米的山地、田野、路旁、河边。分布于中国华南及湖北、云南、江苏、福建、浙江、陕西、四川、江西等地。世界热带、亚热带地区广泛分布。

药用，为中药材墨旱莲的来源植物，有凉血、止血、消肿、强壮之功效。

▶**泽兰属** Eupatorium L.

林泽兰（轮叶泽兰）**Eupatorium lindleyanum** DC.

草本。花果期 5～12 月。产于广东乐昌、乳源、连南、始兴、英德、阳山、和平、广州、蕉岭、大埔、珠海、高州、高要、台山、云浮、德庆、徐闻等地。生于较低海拔的山谷、林缘、阴地、水湿处。分布于中国南北各地（新疆除外）。朝鲜、日本、菲律宾、越南、印度、俄罗斯也有分布。

药用，为中药材野马追的来源植物；枝叶入药，有发表祛湿、和中化湿之功效。

▶**千里光属** Senecio L.

千里光（蔓黄菀、九里明）**Senecio scandens** Buch. -Ham. ex D. Don

攀缘草本。花期 10～12 月。广东各地均有产。生于海拔 50～800 米的林中、林缘、灌丛、山坡、草地、路边及河滩地。分布于中国广西、海南、西藏、陕西、湖北、四川、贵州、云南、安徽、浙江、江西、福建、湖南、台湾。印度、尼泊尔、不丹、缅甸、泰国、菲律宾、日本也有分布。

药用，为中药材千里光的来源植物，有清热解毒、明目退翳、杀虫止痒之功效。

▶**一枝黄花属** Solidago L.

一枝黄花 Solidago decurrens Lour.

草本。花果期 4～11 月。广东大部分山区县有产。生于林缘、路旁、灌丛中及山坡草地上。分布于中国广西、江苏、浙江、安徽、台湾、江西、四川、贵州、湖南、湖北、云南、陕西。印度、日本、韩国、老挝、尼泊尔、菲律宾、越南也有分布。

药用，为中药材一枝黄花的来源植物，性味辛、苦、微温，有疏风解毒、退热行血、消肿止痛之功效，主治毒蛇咬伤、痈、疖等。全草含皂苷，家畜误食中毒引起麻痹及运动障碍。地方名很多，在广东、广西通称黄花草、六叶七星剑、蛇头黄等，主要别称还有蛇头王、见血飞等。

240. 报春花科 Primulaceae

▶**珍珠菜属** Lysimachia L.

过路黄（大金钱草、金钱草）**Lysimachia christinae** Hance

草本。花期 5～7 月，果期 7～10 月。产于广东乐昌、乳源、连州等地。生于海拔 400～700 米或更高海拔的沟边、疏林下、路旁阴湿处。分布于中国东部、中部、西南各省份。

药用，为中药材金钱草的来源植物，可清热解毒、利尿排石，治胆囊炎、黄疸型肝炎、泌尿系统结石、胆结石、跌打损伤、毒蛇咬伤及药物中毒，外用治化脓性炎症、烧烫伤。

243. 桔梗科 Campanulaceae

▶**半边莲属** Lobelia L.

半边莲 Lobelia chinensis Lour.

草本。花果期 5～10 月。广东大部分地区有产。生于水田边、沟边及湿地上。分布于中国长江中下游以南各省份。亚洲东部至东南部也有分布。

药用，为中药材半边莲的来源植物，含多种生物碱，主要为山梗菜碱、山梗菜酮碱、异山梗菜酮碱、山梗菜醇碱，有清热解毒、利尿消肿之功效，治毒蛇咬伤、肝硬化腹水、晚期血吸虫病腹水、阑尾炎等。

▶**桔梗属** Platycodon A. DC.

桔梗（铃铛花、包袱花）**Platycodon grandiflorum**（Jacq.）A. DC.

草本。花期 7～9 月。产于广东连州、乳源、博罗、深圳、广州等地。生于海拔 100～900 米的山地林中。分布于中国大部分省份。朝鲜、日本和俄罗斯也有分布。

药用，为中药材桔梗的来源植物；根药用，含桔梗皂苷，有止咳、祛痰、消炎等功效。

251. 旋花科 Convolvulaceae

▶**丁公藤属** Erycibe Roxb.

丁公藤（斑鱼烈、麻辣仔藤、麻辣天）**Erycibe obtusifolia** Benth.

藤本。产于广东陆丰、惠阳、深圳、东莞、高要、阳春、化州等地。生于山谷密林中湿润处或路旁灌丛。分布于中国香港、海南。

药用，为中药材丁公藤的来源植物，有祛风除湿、消肿止痛之功效，用于治疗风湿痹痛、半身不遂、跌扑肿痛。

光叶丁公藤 Erycibe schmidtii Craib

灌木。产于广东高要、阳春等地。生于海拔 250～1 200 米的山谷密林或疏林中。分布于中国广西、云南。印度也有分布。

药用，为中药材丁公藤的来源植物。

252. 玄参科 Scrophulariaceae

▶**阴行草属** Siphonostegia Benth.

阴行草 Siphonostegia chinensis Benth.

草本。花期 6～8 月。产于广东乐昌、始兴、乳源、仁化、南雄、连州、阳山、龙门、大埔、阳江。生于海拔 100～1 300 米的山坡与草地中。分布于中国华南、华北、华中、东北、西南等地区。

药用，为中药材北刘寄奴的来源植物，有清热利湿、凉血止血、祛瘀止痛之功效，主治黄疸型肝炎、胆囊炎、泌尿系结石、小便不利、尿血、便血、产后淤血腹痛，外用治创伤出血、烧伤烫伤。

▶ **独脚金属** Striga Lour.

独脚金（矮脚子、干草、疳积草）**Striga asiatica**（L.）O. Kuntze

半寄生草本。花期秋季。产于广东英德、翁源、和平、连平、龙门、平远、大埔、深圳、珠海、增城、从化、花都、新会、台山、高要、封开、德庆、新兴、阳江、茂名等地。生于田野、荒草地，寄生于寄主的根上。分布于中国华南及台湾、福建、江西、湖南、贵州、云南。亚洲热带和非洲热带也有分布。

全草入药，是中药材独脚金的来源植物，为治小儿疳积的良药。

259. 爵床科 Acanthaceae

▶ **穿心莲属** Andrographis Wall. ex Nees

穿心莲（一见喜）**Andrographis paniculata**（Burm. f.）Nees

直立草本。花果期几乎全年。产于广东惠东、广州、东莞、台山、高要等地。生于平地。分布于中国南部各省份。印度也有分布。

药用，为中药材穿心莲的来源植物，有清热解毒、消炎、消肿止痛作用。

▶ **驳骨草属** Gendarussa Nees

小驳骨 Gendarussa vulgaris Nees

灌木。花期春季。产于广东五华、惠东、深圳、广州、珠海、高要、高州、阳春、徐闻。生于山地、山谷灌丛中。分布于中国香港、广西、台湾、云南。菲律宾群岛也有分布。

药用，为中药材小驳骨的来源植物，味辛，性温，治风邪，理跌打，调酒服。

▶ **马蓝属** Strobilanthes Blume

板蓝（马蓝）**Strobilanthes cusia**（Nees）O. Kuntze

草本。花期 8～10 月，果期 10～11 月。产于广东乐昌、曲江、仁化、英德、翁源、新丰、龙门、河源、大埔、博罗、广州、高要、新兴、罗定、郁南、怀集、封开、阳春、茂名、徐闻。生于海拔 200～1 000 米的山地阴处、山谷疏林或密林下。分布于中国华南及福建、云南、贵州。孟加拉国、印度等地至中南半岛均有分布。

药用，为中药材板蓝根的来源植物；根、叶入药，有清热解毒、凉血消肿之功效，可预防流脑、流感，治中暑、腮腺炎、肿毒、毒蛇咬伤、细菌性痢疾、急性肠炎、咽喉炎、口腔炎、扁桃体炎、肝炎。该种的叶含蓝靛染料。花形雅致，常在庭园荫蔽处栽培观赏。

263. 马鞭草科 Verbenaceae

▶ **牡荆属** Vitex L.

单叶蔓荆 Vitex rotundifolia L. f.

灌木。花期 7～8 月，果期 8～10 月。产于广东清远、南澳、陆丰、海丰、广州、深圳、东莞、珠海、台山、阳江、徐闻、雷州。生于海边沙滩、河滩或平原草地上。分布于中国南部至东北部沿海各地。亚洲东南部、日本、澳大利亚和新西兰也有分布。

药用，为中药材蔓荆子的来源植物，有疏散风热之功效，治头痛、眩晕、目痛、湿痹、拘挛。

蔓荆（三叶蔓荆、水稔子、白叶）**Vitex trifolia** L.

灌木。花期7月，果期9~11月。产于广东龙门、陆丰、博罗、从化、花都、深圳、东莞、珠海、台山、高要、郁南、阳江。生于平原、草地或海边沙滩。分布于中国华南及台湾、福建、云南。印度、越南、菲律宾、澳大利亚也有分布。

药用，为中药材蔓荆子的来源植物，治感冒、风热、神经性头痛、风湿骨痛。茎叶可提取芳香油。

264. 唇形科 Labiatae

筋骨草属 Ajuga L.

金疮小草（筋骨草）**Ajuga decumbens** Thunb.

草本。花期4~8月，果期7~9月。产于广东乐昌、始兴、乳源、仁化、连山、英德、连平、龙门、紫金、平远、蕉岭、五华、饶平、博罗、广州、深圳、东莞、台山、高要、阳春、信宜等地。生于海拔200~1 000米的溪边、山谷和山地林边、湿润草地上。分布于中国长江以南各省份。

药用，为中药材筋骨草的来源植物，治肺热咯血、跌打损伤、扁桃腺炎、咽喉炎等症。

风轮菜属 Clinopodium L.

风轮菜（野薄荷、山薄荷、九层塔）**Clinopodium chinense**（Benth.）O. Kuntze

草本。花期5~8月，果期8~10月。产于广东乐昌、始兴、乳源、连州、阳山、英德、翁源、连平、和平、大埔、高要、怀集、阳春、东莞等地。生于海拔200~1 400米的林缘、灌丛、草地及沟边等。分布于中国广西、台湾、福建、江西、浙江、江苏、安徽、湖南、湖北、山东等地。日本也有分布。

药用，为中药材断血流的来源植物，可疏风清热、解毒消肿、止血，主治感冒发热、中暑、咽喉肿痛、白喉、急性胆囊炎、肝炎、肠炎、痢疾、乳腺炎、疔疮肿毒等症。

薄荷属 Mentha L.

薄荷（香薷草、鱼香草、土薄荷）**Mentha canadensis** L.（*M. haplocalyx* Briq.）

草本。花期7~9月，果期10~11月。产于广东乐昌、乳源、翁源、从化、和平、龙门、大埔、惠东、惠阳、东莞、深圳、广州、高要、怀集、阳春、化州等地。生于海拔130~1 150米的湿地上。分布于中国南北各省份。亚洲南部、东南部、东部和俄罗斯远东地区以及美洲北部和中部也有分布。

药用，为中药材薄荷的来源植物，治感冒发热喉痛、头痛、目赤痛、皮肤风疹瘙痒、麻疹不透等症。幼嫩茎尖可作蔬菜食用。

▶**石荠苎属 Mosla**（Benth.）Buch. -Ham. ex Maxim.

石香薷（土黄连、辣辣草、野香薷）**Mosla chinensis** Maxim.

草本。花期 6～9 月，果期 7～11 月。产于广东乐昌、乳源、始兴、仁化、和平、平远、蕉岭、兴宁、惠东、博罗、广州、高要、鹤山、阳春等地。生于海拔 150～1 000 米的干旱山坡草地上。分布于中国广西、台湾、福建、江西、浙江、江苏、安徽、湖南、湖北、山东、贵州和四川。越南也有分布。

药用，为中药材香薷的来源植物，治中暑发热、感冒恶寒、胃痛呕吐、急性肠胃炎、痢疾、跌打瘀痛、下肢水肿、消化不良、皮肤湿疹搔痒、多发性疖肿，此外亦可治毒蛇咬伤。

▶**紫苏属 Perilla L.**

紫苏（头为苏头、梗为苏梗、叶为苏叶）**Perilla frutescens**（L.）Britt.

草本。花期 8～11 月，果期 8～12 月。广东大部分地区有产。全国各地广泛栽培。不丹、印度、中南半岛，南至印度尼西亚，东至日本、朝鲜也有分布。

药用，为中药材紫苏梗、紫苏叶、紫苏子的来源植物。入药部分以茎叶及籽实为主。叶为发汗、镇咳、芳香性健胃利尿剂，有镇痛、镇静、解毒作用，可治感冒；梗有平气安胎之功效；种子能镇咳、祛痰、平喘。

▶**黄芩属 Scutellaria L.**

半枝莲（狭叶韩信草、水黄芩、田基草）**Scutellaria barbata** D. Don

草本。花果期 4～7 月。广东大部分地区有产。生于中低海拔的水田边、路旁、溪边或湿润草地上。分布于中国香港、广西、台湾、福建、江西、浙江、江苏、湖南、湖北、河南、山东、河北、陕西、贵州、云南、四川。印度北部、尼泊尔、缅甸、老挝、泰国、越南、日本及朝鲜也有分布。

药用，为中药材半枝莲的来源植物。民间用全草煎水服，可代益母草使用；热天生痱子可用全草泡水洗；此外，亦用于治各种炎症。

290. 姜科 Zingiberaceae

▶**山姜属 Alpinia Roxb.**

红豆蔻（大高良姜）**Alpinia galanga**（L.）Willd.

草本。花期 5～8 月，果期 9～11 月。产于广东清远、陆丰、潮阳、揭西、普宁、惠阳、博罗、广州、深圳、高要、台山、云浮、阳江、茂名等地。生于海拔 100～1 300 米的沟谷阴湿林下、灌木丛或草丛中。分布于中国华南及台湾、福建、云南等地。亚洲热带地区也有分布。

药用，为中药材红豆蔻的来源植物，有祛湿、散寒、醒脾、消食之功效；根茎亦供药用，能散寒、暖胃、止痛，可治胃脘冷痛、脾寒吐泻。花美观，适用于园林点缀。

草豆蔻（海南山姜）**Alpinia hainanensis** K. Schum.（*A. katsumadae* Hayata）

草本。花期 4～6 月，果期 5～8 月。产于广东大埔、饶平、惠阳、深圳、东莞、广州、台山、阳春、信宜、高州、徐闻等地。生于山地疏林或密林中较潮湿处。分布于中国华南地区。

药用，为中药材草豆蔻的来源植物，可治寒湿内阻、脘腹胀满冷痛、嗳气呃逆、不思饮食等症。

高良姜（南姜）**Alpinia officinarum** Hance

草本。花期4~9月，果期5~11月。产于广东广州、东莞、阳江、茂名、徐闻等地。生于荒坡灌丛、疏林中，或栽培。分布于中国海南、广西。

药用，为中药材高良姜的来源植物。根茎供药用，可温中散寒、止痛消食。株形优美，花色清丽，可栽培观赏。

▶ **豆蔻属** Amomum Roxb.

海南砂仁 Amomum longiligulare T. L. Wu

草本。花期4~6月，果期6~9月。产于广东广州、信宜、电白、廉江、遂溪、徐闻等地。生于山谷密林中，或栽培。分布于中国海南、广西、四川。

药用，为中药材砂仁的来源植物。以果实入药，气微香、性味辛温，具有理气开胃、调中、安胎之功效，是我国重要的中药材之一。

砂仁（春砂仁、阳春砂仁）**Amomum villosum** Lour.

草本。花期5~6月，果期8~9月。广东恩平、新兴、阳春、信宜、高州、湛江等地野生或栽培。生于山地阴湿处。分布于中国海南、广西、福建、云南。

药用，为中药材砂仁的来源植物，主治脾胃气滞、宿食不消、腹痛痞胀、噎膈呕吐、寒泻冷痢。种子含挥发油。

▶ **姜黄属** Curcuma L.

姜黄 Curcuma longa L.

草本。花期8月。广东新丰、博罗、广州、阳春、茂名等地有逸生或栽培。喜生于向阳的地方。分布于中国海南、广西、台湾、福建、江西、云南、四川等地。东南亚广泛栽培。

药用，为中药材姜黄、郁金的来源植物，能行气破瘀、通经止痛，主治胸腹胀痛、肩臂痹痛、月经不调、闭经、跌打损伤。可提取黄色食用染料。

蓬莪术（郁金）**Curcuma phaeocaulis** Valeton

草本。花期4~6月。产于广东乐昌、广州、阳春、高州等地。野生于林荫下或栽培。分布于中国海南、广西、台湾、福建、江西、云南、四川等地。印度至马来西亚也有分布。

约用，为中药材郁金的来源植物，主治气血凝滞、心腹胀痛、症瘕、积聚、宿食不消、妇女血瘀经闭、跌打损伤作痛；块根有行气解郁、破瘀、止痛之功效。

293. 百合科 Liliaceae

▶ **天门冬属** Asparagus L.

天门冬（野鸡食）**Asparagus cochinchinensis**（Lour.）Merr.

攀缘植物。花期5~6月，果期8~10月。产于广东乐昌、始兴、乳源、连州、阳山、平远、河源、大埔、五华、丰顺、饶平、惠东、惠阳、博罗、深圳、东莞、广州、高要、阳江、阳春、高州、徐闻等地。生于海拔1 700米以下的山坡、路旁、疏林下、山谷等。从河北、山西、陕西、甘肃等省的南部至华东、西南各省份都有分布。朝鲜、日本、老挝和越南也有分布。

药用，为中药材天冬的来源植物，有滋阴润燥、清火止咳之功效。

▶ **百合属** Lilium L.

百合（山百合、香水百合）**Lilium brownii** F. E. Brown ex Miellez var. **viridulum** Baker

草本。花期6～7月，果期7～10月。产于广东乐昌、乳源、连州、连南等地。生于山坡、山谷疏林、林缘。分布于中国湖南、湖北、河南、江西、安徽、浙江、山西、陕西、河北。

药用，为中药材百合的来源植物，有润肺止咳、清热、安神和利尿之功效。鳞茎含丰富淀粉，是一种名贵食品。鲜花含芳香油，可作香料。

▶ **沿阶草属** Ophiopogon Ker Gawl.

麦冬（金边阔叶麦冬、沿阶草、麦门冬）**Ophiopogon japonicus**（L. f.）Ker Gawl.

草本。花期5～8月，果期8～9月。产于广东乐昌、乳源、南雄、翁源、新丰、五华、大埔、惠东、广州、高要等地。生于山坡阴湿处、林下或溪旁。分布于中国香港、广西、台湾、福建、江西、浙江、江苏、安徽、湖南、湖北、河南、河北、陕西、贵州、云南、四川。日本、越南、印度也有分布。

药用，为中药材麦冬的来源植物，有生津解渴、润肺止咳之功效。

297. 菝葜科 Smilacaceae

▶ **菝葜属** Smilax L.

菝葜（金刚兜、大菝葜、金刚刺）**Smilax china** L.

攀缘灌木。花期2～5月，果期9～11月。广东大部分地区有产。生于海拔1 600米以下的林下、灌丛中、路旁或山坡上。分布于中国华南、华中、华东、西南地区。缅甸、越南、泰国、菲律宾也有分布。

药用，为中药材菝葜的来源植物，有祛风活血作用。根状茎可以提取淀粉和栲胶，或用来酿酒。

302. 天南星科 Araceae

▶ **菖蒲属** Acorus L.

金钱蒲（石菖蒲）**Acorus gramineus** Soland.

草本。花期5～6月，果期7～8月。广东大部分地区有产。生于密林下、湿地或溪旁石上。分布于中国黄河以南各省份。

药用，为中药材石菖蒲的来源植物；根茎入药，可开窍化痰、辟秽杀虫。

▶ **千年健属** Homalomena Schott

千年健（假力芋、一包针、团芋）**Homalomena occulta**（Lour.）Schott

草本。花期7～9月。产于广东高要、阳江等地。生于沟谷密林下、竹林和山坡灌丛中。分布于中国广西、海南、云南。中南半岛也有分布。

药用，为中药材千年健的来源植物，可治跌打损伤、骨折、外伤出血、四肢麻木、风湿腰腿痛、类风湿关节炎、肠胃炎等。

305. 香蒲科 Typhaceae

▶**香蒲属** Typha L.

水烛（狭叶香蒲、蜡烛草）**Typha angustifolia** L.

草本。花果期6～9月。产于广东乳源、南雄、英德、和平等地。生于湖泊、河流、池塘浅水处，以及沼泽、沟渠等。分布于中国香港、台湾、江苏、湖南、湖北、河南、云南、贵州、河北、山东、陕西、辽宁、吉林、黑龙江、内蒙古、甘肃、新疆。尼泊尔、印度、巴基斯坦、日本、俄罗斯及欧洲、美洲、大洋洲也有分布。

药用，为中药材蒲黄的来源植物，有止血、化瘀、通淋等功效，临床常用于治疗吐血、衄血、咯血、崩漏、外伤出血、经闭痛经、脘腹刺痛等症。

307. 鸢尾科 Iridaceae

▶**射干属** Belamcanda Adans.

射干（野萱花、交剪草）**Belamcanda chinensis**（L.）Redouté

草本。花期6～8月，果期7～9月。产于广东乐昌、乳源、翁源、仁化、阳山、和平、连平、龙门、梅州、南澳、广州、东莞、中山、怀集、封开、高州、台山、阳春、信宜。生于林缘或山坡草地。分布于中国香港、广西、福建、台湾、江西、浙江、江苏、安徽、湖南、湖北、河南、贵州、云南、四川、西藏、河北、山东、山西、陕西、甘肃、辽宁、吉林。朝鲜、日本、印度、越南、俄罗斯也有分布。

药用，为中药材射干的来源植物；根状茎药用，味苦、性寒、微毒，能清热解毒、散结消炎、消肿止痛、止咳化痰，可用于治疗扁桃腺炎及腰痛等症。

314. 棕榈科 Palmaceae

▶**黄藤属** Daemonorops Blume

天仙藤（黄藤）**Fibraurea recisa** Pierre.

藤本。花期5月，果期6～10月。产于广东高要等地。生于林中。分布于中国香港、海南、广西、云南。

药用，为中药材黄藤的来源植物，有清热解毒、利湿之功效，主治急性扁桃体炎、咽喉炎、上呼吸道感染。

318. 仙茅科 Hypoxidaceae

▶**仙茅属** Curculigo Gaertn.

仙茅（芽瓜子、婆罗门参、海南参）**Curculigo orchioides** Gaertn.

草本。花果期4～9月。产于广东乐昌、乳源、南雄、连山、阳山、英德、河源、平远、蕉岭、五华、南澳、惠东、博罗、深圳、东莞、广州、高要、怀集、阳江、化州、徐闻。生于海拔 1 500 米以下的林下、溪边、草地或荒坡上。分布于中国华南及台湾、福建、江西、浙江、湖南、贵州、云南、四川。东南亚各国至日本也有分布。

药用，为中药材仙茅的来源植物。根状茎久服益精补髓、增添精神。

326. 兰科 Orchidaceae

▶白及属 Bletilla Rchb. f.

白及 Bletilla striata（Thunb.）Rchb. f.

草本。花期 4～5 月。产于广东乳源、连州、广州等地。生于常绿阔叶林、针叶林下、草丛或岩石缝中。分布于中国华南、华东、华中、西南地区。朝鲜半岛和日本也有分布。

药用，为中药材白及的来源植物，具收敛止血、消肿生肌之功效，主治咯血、吐血、外伤出血、疮疡肿毒、皮肤皲裂。

▶芋兰属 Nervilia Comm. ex Gaud.

毛叶芋兰 Nervilia plicata（Andr.）Schltr.

草本。花期 5～6 月。产于广东惠东、封开等地。生于林下或沟谷阴湿处。分布于中国广西、香港、福建、甘肃、四川和云南。印度、孟加拉国、缅甸、越南、老挝、泰国、马来西亚、印度尼西亚、菲律宾、新几内亚岛、澳大利亚也有分布。

药用，为中药材青天葵的来源植物，有补肺止咳、收敛止痛之功效。也可供观赏。

▶石仙桃属 Pholidota Lindl. ex Hook.

石仙桃 Pholidota chinensis Lindl.

草本。花期 4～5 月，果期 9 月至翌年 1 月。广东大部分地区有产。生于中低海拔的林中或林缘树上、阴湿岩壁或岩石上。分布于中国华南及福建、浙江、贵州、云南和西藏。越南、缅甸也有分布。

药用，为中药材石仙桃的来源植物，有清热养阴、化痰止咳之功效，用于治疗肺热咳嗽、肺结核咳血、淋巴结结核、小儿疳积、十二指肠溃疡，外用治慢性骨髓炎等症。

332B. 禾亚科 Agrostidoideae

▶薏苡属 Coix L.

薏米（苡米）Coix lacryma-jobi L. var. **ma-yuen**（Rom. Caill.）Stapf ex Hook. f.

草本。花果期 7～12 月。产于广东斗门、珠海、台山。生于潮湿的河边、山谷溪沟。分布于中国广西、河南、陕西、湖北、安徽、江苏、浙江、江西、福建、台湾、云南、四川、辽宁、河北等。亚洲的热带、亚热带，以及印度、缅甸、泰国、越南、马来西亚、菲律宾也有分布。

药用，为中药材薏苡仁的来源植物；米仁入药有健脾、利尿、清热、镇咳之功效；叶与根也可作药用。秆叶为家畜的优良饲料。米仁磨粉面食，为价值很高的保健食品。

▶白茅属 Imperata Cyrillo

大白茅（丝茅）Imperata cylindrica P. Beauv. var. **major**（Nees）C. E. Hubb. ［*Im-*

perata koenigii（Retz.）P. Beauv.］

　　草本。花果期 4～6 月。广东大部分地区有产。生于低山带平原河岸至干旱草地、空旷地、撂荒地、田坎、果园地、堤岸和路边。分布于中国华南、华东、华中、西南及陕西等地。阿富汗、伊朗、印度、印度尼西亚、日本、韩国、马来西亚、缅甸、新几内亚、巴基斯坦、菲律宾、斯里兰卡、泰国、越南、澳大利亚也有分布。

　　药用，为中药材白茅根的来源植物，有凉血止血、清热通淋、利湿退黄、疏风利尿、清肺止咳之功效；茅花俗用以止血。根状茎含果糖、葡萄糖等，味甜可食。茎叶牲畜喜食，秆为造纸的原料。

八、花卉类植物

—石松类和蕨类植物—

P2. 石杉科 Huperziaceae

▶ **石杉属 Huperzia** Bernh.

蛇足石杉（蛇足石松、千层塔）**Huperzia serrata**（Thunb.）Trevis.

土生草本。产于粤北、粤东、粤西及从化等地。生于海拔 400～1 400 米的林下潮湿处。分布于中国华南及湖南、贵州、江西、福建、浙江。亚洲、太平洋地区、俄罗斯、大洋洲、中美洲也有分布。

形态别致，可种植于庭园供观赏。以全草入药，具止血散瘀、消肿止痛、清热除湿、解毒等功效。国家二级重点保护野生植物。

P4. 卷柏科 Selaginellaceae

▶ **卷柏属 Selaginella** P. Beauv.

翠云草 Selaginella uncinata（Desv.）Spring

土生草本。产于广东乐昌、乳源、连州、连山、连南、南雄、始兴、仁化、英德、阳山、翁源、新丰、连平、和平、龙门、平远、大埔、深圳、东莞、高要、封开、阳春。生于海拔200～800 米的山地林下、林潮湿处或阴湿的石灰岩上。分布于中国华南及云南、湖南、江西、福建、浙江、贵州、四川、台湾。越南也有分布，欧美有栽培。

叶片翠绿，具虹彩，可种植于庭园阴湿处供观赏，为优良的地被植物。全草入药，能清热解毒。

P11. 观音座莲科 Angiopteridaceae

▶ **观音座莲属 Angiopteris** Hoffm.

福建观音座莲（牛蹄劳）**Angiopteris fokiensis** Hieron.

土生、高大草本。广东大部分地区有产。生于海拔 200～900 米的山谷溪边林下阴湿处。分布于中国华南及湖南、湖北、贵州、四川、江西、福建。日本南部也有分布。

植株高大，生长健壮，株形优美，为美丽奇特的观赏蕨类。块茎可提取淀粉，曾为山区一种食粮的来源。国家二级重点保护野生植物。

P20. 桫椤科 Cyatheaceae

▶桫椤属 Alsophila R. Br.

中华桫椤 Alsophila costularis Baker

树形蕨类。产于广东信宜。生于低海拔的潮湿山谷、疏林中。分布于中国广西、云南、西藏。不丹、印度、越南、缅甸、孟加拉国也有分布。

树形美观，树冠犹如巨伞，具有较高的观赏价值。国家二级重点保护野生植物。

大叶黑桫椤（大黑桫椤）**Alsophila gigantea Wall. ex Hook.** [*Gymnosphaera gigantea*（Wall. ex Hook.）J. Sm.]

树形蕨类。产于广东英德、高要、高明、云安、阳春、高州、罗定、信宜。生于低海拔的山谷疏林中。分布于中国海南、广西、云南。日本、爪哇、苏门答腊、马来半岛、越南、老挝、柬埔寨、尼泊尔及印度也有分布。

其株形别致，是名贵的园林风景树，有较高的观赏价值。国家二级重点保护野生植物。

黑桫椤 Alsophila podophylla Hook. [*Gymnosphaera podophylla*（Hook.）Cop.]

树形蕨类。产于广东乐昌、深圳、肇庆、阳江、信宜等地。生于沟谷林下。分布于中国香港、广西、浙江、福建、台湾、云南。日本南部、马来西亚、泰国等亦有分布。

茎干挺拔，树姿优美，可栽于荫棚区或庭园中作大型观赏植物。国家二级重点保护野生植物。

桫椤 Alsophila spinulosa（Wall. ex Hook.）R. Tryon

树形蕨类。产于广东乐昌、仁化、连山、英德、新丰、龙门、蕉岭、五华、博罗、惠东、广州、东莞、肇庆、新兴、阳春、信宜、郁南、罗定、高州等地。生于低海拔的潮湿山谷、疏林中。分布于中国华南及台湾、福建、贵州、云南、四川。日本、越南、柬埔寨、泰国、缅甸、印度也有分布。

树形美观，树冠犹如巨伞，园艺观赏价值高，是著名的大型珍贵观赏蕨类。国家二级重点保护野生植物。

▶白桫椤属 Sphaeropteris Bernh.

笔筒树 Sphaeropteris lepifera（J. Sm. ex Hook.）R. M. Tryon

树形蕨类。产于广东汕头、广州。生于低海拔的山谷阴湿处。分布于中国福建、台湾。亚洲热带至澳大利亚及法属波利尼西亚也有分布。

树干色彩斑斓，可加工成工艺笔筒，故名笔筒树，有较高的观赏价值。嫩芽及树心是极佳的野外食物，可生食或炒食。茎干药用主治温热疫病、血积腹痛、淤血、凝滞、血气胀痛、筋骨疼痛、跌打损伤、肺痨等症。国家二级重点保护野生植物。

P42. 乌毛蕨科 Blechnaceae

▶苏铁蕨属 Brainea J. Sm.

苏铁蕨 Brainea insignis（Hook.）J. Sm.

大型陆生蕨。产于广东乳源、翁源、仁化、新丰、龙门、博罗、蕉岭、惠阳、丰顺、饶平、揭西、从化、深圳、东莞、肇庆、阳春。生于海拔 300～1 000 米的山坡向阳处。分布于中国华南及福建、云南。广布于热带亚洲和大洋洲。

在华南地区是园林绿化的上品，成片种植或与岩石配植，极具观赏价值。国家二级重点保护野生植物。

▶**狗脊属** Woodwardia Sm.

狗脊（日本狗脊蕨）**Woodwardia japonica**（L. f.）Sm.

草本。广东各山区县有产。生于疏林下、林缘。广布于中国长江流域以南各省份。朝鲜、日本、越南也有分布。

羽片嫩时常红色，作林下地被观赏或羽片用于切花。药用有镇痛、利尿及强壮之功效，为我国应用已久的中草药。根状茎富含淀粉，可酿酒，亦可作土农药，防治蚜虫及红蜘蛛。

珠芽狗脊（多子东方狗脊、胎生狗脊、台湾狗脊蕨）**Woodwardia prolifera** Hook. et Arn.

大型陆生蕨。产于广东乐昌、乳源、连山、连南、阳山、始兴、仁化、博罗、惠东、翁源、大埔。生于海拔 100～1 100 米的山地林下潮湿处或水沟边。分布于中国广西、香港、湖南、江西、安徽、浙江、福建及台湾。日本也有分布。

常有小株芽生长在叶片上，十分奇特美观，观赏价值高。

P47. 实蕨科 Bolbitidaceae

▶**实蕨属** Bolbitis Schott

华南实蕨 Bolbitis subcordata（Cop.）Ching

草本。产于广东乳源、始兴、曲江、英德、新丰、大埔、深圳、东莞、阳春、郁南等地。生于林下、沟谷、溪边湿地。分布于中国华南及江西、福建、台湾。日本、越南也有分布。

株形优美，常成片状生长，其顶生羽片长，能落地生根，可供观赏。全草可药用，有清热解毒、凉血止血之功效。

P52. 骨碎补科 Davalliaceae

▶**阴石蕨属** Humata Cav.

圆盖阴石蕨（白毛蛇）**Humata tyermannii** Moore

草本。产于广东乐昌、英德、曲江、仁化、始兴、翁源、新丰、龙门、从化、博罗、蕉岭、南澳、东莞、深圳。附生于海拔 200～1 500 米的树干上或石上。分布于中国华南、华东、西南。越南、老挝也有分布。

叶形美观，根状茎粗壮，密被白毛，可供垂吊栽培和盆景栽培观赏。根状茎入药，有祛风除湿、清热凉血、利尿通淋等功效。

P54. 双扇蕨科 Dipteridaceae

▶**双扇蕨属** Dipteris Reinw.

中华双扇蕨 Dipteris chinensis Christ

中型陆生蕨类。产于广东阳山、罗定、深圳。生于山谷、山坡灌丛。分布于中国广西、贵州、云南、西藏。中南半岛也有分布。

叶大，呈扇形，叶形奇特雅致，株形美观，有较高的观赏价值。广东省重点保护野生植物。

P57. 槲蕨科 Drynariaceae

▶**崖姜蕨属** Pseudodrynaria（C. Chr.）C. Chr.

崖姜 Pseudodrynaria coronans（Wall. ex Mett.）Ching

大型附生蕨类。产于广东英德、翁源、惠东、五华、珠海、广州、东莞、中山、高要、新兴、阳春、阳西、茂名等地。生于海拔100～1 200米的山地林下石上或树干上。分布于中国华南及台湾、福建、云南、贵州。越南、缅甸、印度、尼泊尔、马来西亚也有分布。

株形高大挺拔，非常壮观，可用于布置庭院，或盆栽悬挂观赏。根状茎入药，可补肾强骨、活血止痛。

P61. 蘋科 Marsileaceae

▶**蘋属** Marsilea L.

蘋（田字草、田字苹）Marsilea quadrifolia L.

水生蕨类植物。产于广东乐昌、乳源、连州、始兴、阳春。生于水田或沟塘中。分布于中国长江以南各省份，北达华北和辽宁，西北至新疆北部。世界温带、热带或其他地区也有分布。

株形可爱，可作为湿地的水面绿化植物，也可在室内栽培供观赏。

P62. 槐叶蘋科 Salviniaceae

▶**槐叶蘋属** Salvinia Adans.

槐叶蘋 Salvinia natans（L.）All.

小型水生飘浮蕨类。产于广东乐昌、乳源、连州、广州、肇庆、信宜、阳春、南澳。生于水田、沟塘或溪河内。分布于中国华南、华中、华北、华东、东北、西南各地。越南、印度、日本及欧洲也有分布。

叶姿小巧玲珑可爱，可栽培于水族箱内观赏，也可用于水盆栽培观赏和水面绿化。还可作为家畜的饲料。

—裸子植物—

G4. 松科 Pinaceae

▶**松属** Pinus L.

华南五针松（广东五针松、广东松）Pinus kwangtungensis Chun ex Tsiang

乔木。花期4～5月，球果翌年9～10月成熟。产于广东乐昌、乳源、连州、阳山、连山、连南、东莞。生于中海拔的山地针阔混交林中。分布于中国广西、海南、湖南、贵州。越南也有分布。

树姿挺拔雄伟，为优良的园林风景树。国家二级重点保护野生植物。

▶**铁杉属 Tsuga**（Endl.）Carrière

南方铁杉（浙江铁杉）**Tsuga chinensis**（Franch.）E. Pritz. var. **tcheckiangensis**（Flous）Cheng et L. K. Fu

乔木。花期4～5月，球果9～10月成熟。产于广东乐昌、乳源、阳山。生于海拔600～1 800米的山地针阔混交林中。分布于中国广西、湖南、江西、福建、浙江、安徽、云南。

为我国特有的第三纪孑遗植物。树姿美观，可作为园林风景树。

长苞铁杉（铁油杉、贵州杉）**Tsuga longibracteata** Cheng

乔木。花期3月下旬至4月中旬，球果10月左右成熟。产于广东乐昌、乳源、阳山、连州。生于海拔300～1 800米的山地针阔混交林中。分布于中国广西、湖南、江西、福建、贵州。

我国特有种。树形优美，可作园林风景树。广东省重点保护野生植物。

G5. 杉科 Taxodiaceae

▶**水松属 Glyptostrobus** Endl.

水松 Glyptostrobus pensilis（Staunt. ex D. Don）K. Koch

半常绿乔木。花期1～2月，球果秋后成熟。产于广东佛山、博罗、平远、高要、怀集、高州、广州等地。生于湿地、河流两岸。分布于中国广西、福建、云南等地。

为我国特有的树种，树姿优美，叶色富有季相变化，为极佳的园林观赏树种。国家一级重点保护野生植物。

G6. 柏科 Cupressaceae

▶**福建柏属 Fokienia** A. Henry et H. H. Thomas

福建柏（滇福建柏、广柏、滇柏）**Fokienia hodginsii**（Dunn）A. Henry et Thomas

大乔木。花期3～4月，种子翌年10～11月成熟。产于广东乐昌、乳源、连山、连州、阳山、新丰、龙门、阳春。常生于山地常绿阔叶林中。分布于中国广西、湖南、江西、福建、浙江、贵州、云南、四川。越南、老挝也有分布。

树干通直，枝叶浓密翠绿，树姿优美，为优良的园林景观树种。国家二级重点保护野生植物。

G7. 罗汉松科 Podocarpaceae

▶**竹柏属 Nageia** Gaertn.

长叶竹柏（桐木树）**Nageia fleuryi**（Hickel）de Laubenf.

乔木。花期3～4月，种子10～11月成熟。产于广东龙门、博罗、丰顺、惠东、广州、高要、阳春、阳西等地。生于山地常绿阔叶树林中。分布于中国广西南部、台湾北部、云南东南部及海南。越南、老挝、柬埔寨也有分布。

树干通直，枝叶亮绿，树姿优美，为优良的园林景观树种。

竹柏（大果竹柏、猪肝树、铁甲树）**Nageia nagi**（Thunb.）Kuntze

乔木。花期3～5月，种子10～11月成熟。广东大部分地区有产。常散生于低海拔的常绿阔叶林中或林缘。分布于中国长江流域以南。日本也有分布。

树形美观，四季常绿，为优良的园林景观树种。

▶**罗汉松属** Podocarpus L'Hér. ex Pers.

罗汉松（土杉、罗汉杉）**Podocarpus macrophyllus**（Thunb.）Sweet

乔木。花期4～5月，种子8～9月成熟。产于广东乳源、连山、英德、仁化、博罗、潮安、饶平、高要、阳春等地。生于海拔200～1 000米的山地疏林或密林中。分布于中国长江流域及以南各地。日本也有分布。

树形优美，成熟时种子像一个光头罗汉，鲜亮可爱，为优良的园林景观树种，庭园常见栽培。

G8 三尖杉科 Cephalotaxaceae

▶**三尖杉属** Cephalotaxus Siebold et Zucc. ex Endl.

篦子三尖杉 Cephalotaxus oliveri Mast.

小乔木。花期3月中旬，种子翌年9～10月成熟。产于广东乐昌、乳源、仁化。生于阔叶树林、针叶树林内或竹林边缘。分布于中国华南、西南各省份。越南也有分布。

叶色绿中带白，种子熟时具鲜艳色彩，树姿优美，为珍贵的园林景观树种。

粗榧 Cephalotaxus sinensis（Rehder et E. H. Wilson）H. L. Li

乔木。花期3～7月，果期7～11月。产于广东乳源、饶平、信宜。生于高海拔的山地林中。分布于中国广西、江苏、浙江、安徽、福建、江西、河南、湖南、湖北、陕西、甘肃、四川、云南、贵州。

枝叶浓密，树形优美，为优良的园林景观树种，与其他树种一起配置供观赏。

G9 红豆杉科 Taxaceae

▶**穗花杉属** Amentotaxus Pilg.

穗花杉（华西穗花杉）**Amentotaxus argotaenia**（Hance）Pilg.

灌木或小乔木。花期4～5月，种子10月左右成熟。产于广东乐昌、乳源、连州、连山、连南、阳山、曲江、英德、始兴、新丰、龙门、增城、博罗、饶平、大埔、深圳、东莞、高要、阳春、封开。生于海拔300～1 100米的阴湿溪谷两旁或山坡密林内。分布于中国广西、香港、江西、湖北、湖南、四川、西藏、甘肃等地。

叶色翠绿，绿中带白，树形美观，种子秋后成熟时假种皮呈红色，极为美观，为优良的园林景观树种。国家二级重点保护野生植物。广东省重点保护野生植物。

▶**白豆杉属** Pseudotaxus W. C. Cheng

白豆杉 Pseudotaxus chienii（W. C. Cheng）W. C. Cheng

灌木。花期3～5月，种子10月左右成熟。产于广东乐昌、乳源。生于常绿阔叶林中。分布于中国广西、浙江、江西、湖南。

株形美观,种子具白色肉质的假种皮,为优美的庭园树种。木材纹理均匀,结构细致,可作雕刻及器具等用材。国家二级重点保护野生植物。

—被子植物—

1. 木兰科 Magnoliaceae

▶ **厚朴属 Houpoëa** N. H. Xia et C. Y. Wu

凹叶厚朴(厚朴)**Houpoëa officinalis**(Rehder et E. H. Wilson)N. H. Xia et C. Y. Wu[*Magnolia officinalis* Rehder et E. H. Wils. subsp. *biloba*(Rehder et E. H. Wils.)Law]

落叶乔木。花期4~5月,果期9~10月。产于广东乐昌、乳源、连州、连山、连南、南雄、始兴、仁化、英德、阳山、翁源、新丰、连平、和平、龙门等地。生于海拔300~1 400米的林中。分布于中国广西、安徽、湖北、江西、浙江、福建、湖南、贵州。

树形秀丽,极为美观,为优美的庭园观赏树种。木材供作板料、家具、雕刻、细木工、乐器等用。树皮、根皮、花、种子皆可入药,以树皮为主,有化湿导滞、行气平喘、化食消痰、祛风镇痛之功效。

▶ **木兰属 Magnolia** L.

香港木兰(香港玉兰)**Magnolia championii** Benth.

灌木或小乔木。花期5~6月,果熟期9~10月。产于广东肇庆、新会、台山、深圳、阳江、阳春、罗定及珠江口沿海岛屿。生于中低海拔的丘陵、山坡、溪旁。分布于中国香港、海南及广西南部。越南北部也有分布。

树形秀丽,极为美观,花期较其他木兰科种类迟而长,为庭园观赏的好树种。

夜香木兰(夜合花、夜合)**Magnolia coco**(Lour.)DC.

灌木或小乔木。几乎全年均能开花,以夏季为盛。产于广东乐昌、乳源、惠阳、广州、深圳、珠海、高要、台山等地。生于海拔600~900米的阴湿林下、林缘。分布于中国广西、福建、浙江、台湾、云南东南部。越南也有分布。

枝叶深绿婆娑,花朵纯白,入夜香气更浓郁,为华南久经栽培的著名庭园观赏树种。花可提取香精,亦有掺入茶叶内作熏香剂。

▶ **木莲属 Manglietia** Blume

桂南木莲(仁昌木莲)**Manglietia conifera** Dandy(*M. chingii* Dandy)

乔木。花期5~6月,果熟期9~10月。产于广东乐昌、乳源、连山、连南、连州、始兴、仁化、阳春、信宜。生于海拔700~1 300米的山地、山谷潮湿处,喜砂页岩生境。分布于中国广西、云南、贵州。越南北部也有分布。

树形秀丽,极为美观,为优美的庭园观赏树种。木材也作建筑、家具、细木工用材。

木莲(乳源木莲)**Manglietia fordiana** Oliv.

乔木。花期5~6月,果熟期10~11月。广东大部分山区县有产。生于海拔1 200米的花岗岩、沙质岩山地丘陵。分布于中国香港、广西、湖南、福建、江西、贵州和云南。

树形秀丽，极为美观，为优美的庭园观赏树种。木材供板料、细工用材。果及树皮入药，治便闭和干咳。

长梗木莲 Manglietia longipedunculata Q. W. Zeng et Law

乔木。花期 5～6 月，果熟期 8～9 月。产于广东龙门。生长于海拔 650～800 米的山地林中。

树干通直，树形优美，为优美的庭园观赏树种。

毛桃木莲（广东木莲）**Manglietia moto** Dandy

乔木。花期 5～6 月，果熟期 10～12 月。产于广东乐昌、乳源、连州、连山、连南、南雄、始兴、仁化、英德、阳山、翁源、新丰、连平、和平、龙门及粤西地区。生于海拔 400～1 200 米的山地林中、林缘。分布于中国广西、福建、湖南、云南。

树形优美，是极佳的园林、庭园绿化树种。木材轻软，可作一般家具、建筑用材。

厚叶木莲 Manglietia pachyphylla Chang

乔木。花期 5 月，果熟期 9 月。产于广东从化、龙门。生于海拔 600～800 米的山地常绿阔叶林中。

树形美观，叶片宽大，质坚硬，可作庭园绿化观赏树种。国家二级重点保护野生植物。

▶ **含笑属** Michelia L.

苦梓含笑（苦梓、八角苦梓、春花苦梓）**Michelia balansae**（A. DC.）Dandy

乔木。花期 4～6 月，果熟期 9～10 月。产于广东东南部至西南部。生于海拔 500～1 000 米的山坡、溪旁、山谷密林中。分布于中国海南、广西、云南。越南也有分布。

树形美观，为优良的园林树种。木材材质稍重，花纹美观，加工容易。

阔瓣含笑（阔瓣白兰花、广东香子）**Michelia cavaleriei** Finet et Gagnep. var. **platypetala**（Hand.-Mazz.）N. H. Xia（*M. platypetala* Hand.-Mazz.）

乔木。花期 3～4 月，果熟期 9～10 月。产于粤东地区。生于海拔 1 200～1 500 米的密林中。分布于中国广西东北部、湖北西部、湖南西南部、贵州东部。

早春开白色花，大而密集，有香味，是园林观赏或绿化造林树种。

乐昌含笑 Michelia chapensis Dandy

大乔木。花期 3～4 月，果熟期 10～11 月。产于广东乐昌、乳源、连州、连山、连南、南雄、曲江、怀集。生于海拔 500～1 500 米的山地林间、林缘。分布于中国广西东北部和东南部、江西南部、湖南西部、云南东南部。越南也有分布。

树荫浓郁，花香醉人，可孤植或丛植于园林中，为优良的园林树种，亦可作为行道树。

紫花含笑（粗柄含笑）**Michelia crassipes** Law

小乔木或灌木。花期 3～5 月，果熟期 8～9 月。产于广东乐昌、乳源、连州、连山、连平、封开。生于海拔 300～1 000 米的山谷密林中。分布于中国广西东北部、湖南南部。

色彩独特，芳香宜人，为优良的园林树种，很受人们喜爱。

含笑花（含笑）**Michelia figo**（Lour.）Spreng.

灌木。花期3～5月，果熟期8～9月。广东各地广泛栽种，或逸为野生。生于阴坡杂木林中、溪谷沿岸。分布于中国华南各省份。

树形美观，是优良的园林观赏树种。花有水果甜香，花瓣可拌入茶叶制成花茶，亦可提取芳香油或供药用。

金叶含笑（金叶白兰）**Michelia foveolata** Merr. ex Dandy

乔木。花期3～5月，果熟期9～10月。产于广东乐昌、乳源、连州、连山、连南、南雄、始兴、仁化、英德、阳山、翁源、新丰、连平、和平、龙门、信宜、怀集、罗定。生于海拔500～1 700米的阴湿林中。分布于中国广西南部、湖南南部、湖北西部、云南东南部、贵州东南部及江西。越南北部也有分布。

树干通直，叶大而美丽，花大而芳香，是优良的园林观赏树种。

广东含笑 Michelia guangdongensis Y. H. Yan，Q. W. Zeng et F. W. Xing

灌木或小乔木。花期3月。产于广东乳源、英德。常生长于海拔1 200～1 400米的山地常绿落叶阔叶混交林及山顶灌丛中。

四季常绿，树形紧凑，因芽、嫩枝、阳光下闪闪发亮，花芳香，是优良的庭园绿化和盆栽观赏树种。国家二级重点保护野生植物。广东省重点保护野生植物。

醉香含笑（火力楠）**Michelia macclurei** Dandy

乔木。花期2～3月，果熟期10～11月。产于广东连山、从化、惠阳、高要、新兴、阳春、怀集、广宁、电白、吴川、封开、徐闻。生于海拔500～1 000米的密林中、林缘。分布于中国海南、广西北部。越南北部也有分布。

树冠宽广、伞状，整齐壮观，是美丽的庭园和行道树种。花芳香，可提取香精油。

深山含笑（光叶白兰、莫夫人含笑花）**Michelia maudiae** Dunn

乔木。花期1～3月，果熟期10～11月。产于广东乐昌、乳源、连州、连山、连南、始兴、仁化、英德、阳山、翁源、新丰、连平、和平、龙门、深圳、阳春、信宜、怀集、罗定等地。生于海拔600～1 500米的密林中或林缘。分布于中国香港、广西、福建、湖南、江西、贵州及浙江南部。

叶鲜绿，花纯白艳丽，为庭园观赏树种。可提取芳香油，亦供药用。

白花含笑（苦梓、苦子）**Michelia mediocris** Dandy

大乔木。花期12至翌年1月，果熟期8～9月。产于广东英德、广州、高要。生于海拔400～1 000米的山坡杂木林中。分布于中国海南、广西。越南及柬埔寨也有分布。

树形优美，花多，花色洁白如雪，为优良的园林风景树和木本花卉。

野含笑 Michelia skinneriana Dunn

乔木。花期5～6月，果熟期8～9月。产于广东乐昌、乳源、连州、连山、连南、南雄、始兴、仁化、英德、阳山、翁源、新丰、连平、和平、龙门、信宜、怀集、广州。生于中低海拔的山谷、山坡、溪边密林中。分布于中国广西、浙江、江西、福建、湖南。

花淡黄色，有清香，是园林观赏或绿化造林树种。

▶**拟单性木兰属** Parakmeria Hu et W. C. Cheng

乐东拟单性木兰（乐东木兰）**Parakmeria lotungensis**（Chun et C. Tsoong）Law

乔木。花期 4～5 月，果熟期 8～9 月。产于广东乐昌、乳源、连山、阳春。生于海拔 700～1 400 米的常绿阔叶林中、林缘。分布于中国海南、浙江南部、福建北部至西部、江西南部、湖南西部至西南部、贵州东南部。

树干通直圆满，树形优美，花芳香，是园林观赏或绿化造林树种。广东省重点保护野生植物。

▶**观光木属** Tsoongiodendron Chun

观光木 Tsoongiodendron odorum Chun

大乔木。花期 3～4 月，果熟期 10～11 月。产于广东乐昌、乳源、连州、连山、连南、南雄、始兴、仁化、英德、阳山、翁源、新丰、连平、和平、龙门、高要、阳春、茂名。生于海拔 500～1 000 米的山地常绿阔叶林中、林缘。分布于中国华南各省份。越南北部也有分布。

树干挺直，树冠宽广，枝叶稠密，花色美丽而芳香，果实大而特别，供庭园观赏或作行道树。广东省重点保护野生植物。

2A. 八角科 Illiciaceae

▶**八角属** Illicium L.

红花八角（邓氏八角、野八角、山八角）**Illicium dunnianum** Tutch.

灌木。花期 3～7 月，果期 7～10 月。产于广东乐昌、连州、新丰、从化、龙门、增城、惠东、潮安、珠海、台山、阳春。生于河流沿岸、山谷水旁、山地林中或山坡。分布于中国香港、广西、湖南西部、福建南部、贵州南部和西南部。

叶片紧凑，可作为庭园观赏及行道树种。

假地枫皮 Illicium jiadifengpi B. N. Chang

乔木。花期 3～5 月，果期 8～10 月。产于广东乐昌、乳源、阳山。生于海拔 1 000～1 800 米的山顶、山腰的密林或疏林中。分布于中国广西东北部、湖南南部、江西等地。

可栽培作为庭园观赏及行道树种。果实有毒。

8. 番荔枝科 Annonaceae

▶**鹰爪花属** Artabotrys R. Br.

香港鹰爪花（香港鹰爪、野鹰爪藤）**Artabotrys hongkongensis** Hance

攀缘灌木。花期 4～7 月，果期 5～12 月。广东大部分山区县有产。生于中低海拔的林下、山谷疏林中。分布于中国广西、海南、湖南、云南、贵州等省份。越南也有分布。

花芳香美丽，为优良的庭园观赏植物，宜用作花棚、花架、花墙等的布置。

▶**假鹰爪属** Desmos Lour.

假鹰爪 Desmos chinensis Lour.

直立灌木或枝上部蔓延。夏至冬季开花，果期 6 月至翌年春季。广东大部分地区有产。生于丘陵山坡、林缘灌木丛中或旷地、荒野等地。分布于中国海南、广西、云南、贵州。印度、老挝、柬埔寨、越南、马来西亚、新加坡、菲律宾和印度尼西亚也有分布。

是优良的庭园观赏及行道树种。假鹰爪根、叶可药用，主治风湿骨痛、产后腹痛、跌打、皮癣等。

▶ **嘉陵花属 Popowia Endl.**

嘉陵花 Popowia pisocarpa（Blume）Endl.

灌木或小乔木。夏至秋季开花，冬季结果。产于广东深圳、阳春、台山、徐闻。生于低海拔的山地林中、林缘。分布于中国香港、海南。缅甸、泰国、越南、菲律宾、马来西亚也有分布。

花芳香，为庭园观赏及行道树种。也可提制芳香油。

▶ **紫玉盘属 Uvaria L.**

光叶紫玉盘（挪藤）**Uvaria boniana** Finet et Gagnep.

攀缘灌木。5～10 月开花，果 6 月至翌年 4 月成熟。产于广东始兴、翁源、新丰、英德、河源、博罗、大埔、丰顺、深圳、东莞、广州、高要、阳春、信宜、封开等地。分布于中国华南、华中和西南。越南也有分布。

为良好的庭园观赏及行道树种。

紫玉盘（小十八风藤、石龙叶、酒饼木）**Uvaria macrophylla** Roxb.（*U. microcarpa* Champ. ex Benth.）

灌木，枝蔓性。花在 3～8 月盛开，果熟期为 7 月至翌年 3 月。除粤北外，广东各山区县广布。生于山谷疏林中、林缘、路旁或山坡灌木丛中。分布于中国华南及福建、云南、台湾。老挝、越南也有分布。

花色美丽，自花苞到花至果成熟期长达一年，适宜用作庭园观赏和园林绿化。

11. 樟科 Lauraceae

▶ **黄肉楠属 Actinodaphne Nees**

毛黄肉楠（嘉道理楠）**Actinodaphne pilosa**（Lour.）Merr.

小乔木。花期 8～12 月，果期翌年 2～3 月。产于广东花都、阳春、茂名、徐闻等地。常生于海拔 500 米以下的旷野丛林或混交林中。分布于中国海南及广西。越南及老挝也有分布。

为庭园观赏和园林绿化树种。木材具胶质，刨成薄片泡水后得透明黏液，可供黏布、黏鱼网，以及造纸胶和发胶用。

▶ **樟属 Cinnamomum Schaeff.**

阳春樟 Cinnamomum purpureun H. G. Ye et F. G. Wang

灌木或小乔木。花期 2～3 月，果期 4～5 月。产于广东阳春。生于山坡疏林中。广东特有。

幼枝、幼叶、总花梗均为紫红色，具有较高的观赏价值。

黄樟 Cinnamomum parthenoxylon（Jack）Meisn.［*C. porrectum*（Roxb.）Kosterm］

乔木。花期 3～5 月，果期 4～10 月。广东大部分地区有产。生于山地林中、林缘或灌木丛。分布于中国香港、广西、云南、贵州、湖南、江西、福建。巴基斯坦、印度经马来西亚至印度尼西亚也有分布。

树姿挺拔，枝繁叶茂，绿荫效果佳，为优良的庭园风景树和绿荫树。

▶**山胡椒属 Lindera** Thunb.

香叶树（大香叶、香叶子、野木姜子）**Lindera communis** Hemsl.

灌木或小乔木。花期 3～4 月，果期 9～10 月。广东大部分地区有产。生于干燥沙质土壤，散生或混生于常绿阔叶林中。分布于中国广西、湖南、湖北、江西、浙江、福建、台湾、云南、贵州、四川、陕西、甘肃。中南半岛也有分布。

为优良庭园观赏和园林绿化树种。枝叶入药，有解毒消肿、散瘀止痛之功效，民间用于治疗跌打损伤及牛马癣疥等。

▶**木姜子属 Litsea** Lam.

潺槁木姜子（潺槁树、青野槁、胶樟）**Litsea glutinosa**（Lour.）C. B. Rob.

乔木。夏季开花，秋冬季为果熟期。产于广东西部、中部和东部。生于中低海拔的山地林缘、溪旁、疏林或灌丛中。分布于中国华南及福建、云南。越南、菲律宾、印度也有分布。

为南亚热带至热带地区优良的乡土观赏树种。

▶**润楠属 Machilus** Nees

浙江润楠 Machilus chekiangensis S. K. Lee

乔木。花期 4～5 月，果期 6～7 月。产于广东乳源、连山、紫金、博罗、深圳、云浮、信宜、龙门、广州等地。生于山坡林中、山谷或河边等地。分布于中国香港、澳门、福建、浙江。

具有良好的水源涵养功能。枝、叶含芳香油，入药有化痰、止咳、消肿、止痛、止血之功效，可用于治支气管炎、烧烫伤及外伤止血等。

红楠（猪脚楠）**Machilus thunbergii**（Sieb. old et Zucc.）Kosterm.

乔木。春季开花，果 7 月成熟。产于广东乐昌、乳源、仁化、英德、龙门、博罗、五华、平远、深圳、高要、恩平、阳江、高州等地。生于山地阔叶混交林中。分布于中国广西、江西、江苏、台湾、浙江、湖南、山东等地。日本、朝鲜也有分布。

在东南沿海各地低山地区，可选用红楠为用材林和防风林树种，也可作为庭园树栽种。叶可提取芳香油。种子油可制肥皂和润滑油。

▶**楠属 Phoebe** Nees

闽楠（竹叶楠、兴安楠木）**Phoebe bournei**（Hesml.）Yang

大乔木。花期 4～6 月，果期 10～11 月。产于广东乐昌、连州、始兴、英德、仁化、曲江、南雄、大埔、德庆、怀集。生于山地沟谷阔叶林中。分布于中国广西北部和东北部、江西、福建、浙江南部、湖南、湖北、贵州东南部和东北部。

为优良的庭园观赏和园林绿化树种。木材芳香耐久，淡黄色，有香气，材质致密坚韧，不易反翘开裂，加工容易。国家二级重点保护野生植物。

▶**檫木属 Sassafras J. Presl**

檫木（半风樟、鹅脚板、花楸树）**Sassafras tzumu**（Hemsl.）Hemsl.

落叶乔木。花期3～4月，果期5～9月。产于广东乐昌、乳源、南雄、始兴、仁化、连州、连山、连南、英德、阳山、翁源、新丰、连平、和平、龙门、从化、龙川、封开、怀集、罗定、广宁。生于疏林、密林中或林缘。分布于中国广西、浙江、江苏、安徽、江西、福建、湖南、湖北、四川、云南、贵州等省份。

为优良的庭园观赏和园林绿化树种。木材浅黄色，材质优良、细致、耐久，用于造船、水车及上等家具。

13. 莲叶桐科 Hernandiaceae

▶**青藤属 Illigera Blume**

红花青藤（狭叶青藤、圆翅青藤）**Illigera rhodantha** Hance

藤本。花期9～11月，果期12月至翌年4～5月。产于广东英德、博罗、惠东、龙门、高要、台山、恩平、阳春、云浮、郁南、封开、高州、徐闻。生于山谷密林、疏林灌丛中。分布于中国广西、云南。

具很鲜艳的红色花，是庭园观赏和园林绿化树种。

15. 毛茛科 Ranunculaceae

▶**乌头属 Aconitum L.**

乌头（五毒、铁花、鹅儿花）**Aconitum carmichaeli** Debeaux

多年生宿根草本。花期9～10月。产于广东乐昌、乳源。生于山地林缘草坡或灌丛中。分布于中国广西北部、湖北、贵州、湖南、江苏、安徽、云南东部、四川、陕西南部、河南南部、山东东部、辽宁南部。越南北部也有分布。

花美丽，可作为庭园观赏和园林绿化树栽种。具有较高的药用价值，也可作土农药。

▶**铁线莲属 Clematis L.**

丝铁线莲（甘木通）**Clematis loureiroana** DC.（*C. filamentosa* Dunn）

木质藤本。花期11～12月，果期翌年1～2月。产于广东乐昌、乳源、连州、英德、新丰、博罗、惠阳、惠东、梅州、深圳、高要、云浮、信宜、阳春、封开等地。生于山谷疏林或林缘。分布于中国华南及云南、福建。

生长繁茂，可种植于老树旁或将其攀附在假山、岩石上，用于造景观或美化景观。叶供药用，对高血压病及冠心病有较好的疗效。

柱果铁线莲（癞子藤、色铁线莲、猪狼藤）**Clematis uncinata** Champ.

藤本。6～7月开花。产于广东乐昌、乳源、南雄、阳山、连州、连南、英德、龙门、博罗、五华、平远、蕉岭、大埔、丰顺、深圳、东莞、高要、云浮、封开、阳春、德庆、广宁等地。生于山地、山谷的灌丛中或林缘，也生长在石灰岩灌丛中。分布于中国华南至长江中下游各省份。

可作为庭园观赏和园林绿化树栽种。具有药用价值。

19. 小檗科 Berberidaceae

▶ **小檗属** Berberis L.

南岭小檗 Berberis impedita Schneid.

灌木。花期 4～5 月，果期 6～10 月。产于广东乐昌、乳源、阳山、南雄、连州、连南、英德、龙门、博罗、五华、平远、蕉岭、大埔、丰顺、深圳、高要、云浮、封开、阳春、德庆、广宁。生于山顶阳处、林地、灌丛中或疏林下。分布于中国广西、四川、湖南、江西。

花朵美丽，入秋后叶色转红，具有较高的观赏价值。

▶ **鬼臼属** Dysosma Woodson

八角莲 Dysosma versipellis（Hance）M. Cheng

多年生草本。花期 3～6 月，果期 5～9 月。产于广东乐昌、乳源、南雄、始兴、仁化、翁源、连州、连山、连南、英德、阳山、新丰、连平、和平、龙门、博罗、高要、阳春、信宜、郁南、封开。生于山坡林下、溪旁阴湿处、竹林下。分布于中国华中、西南及广西等地。

叶形奇特，花色鲜艳，适合盆栽供观赏，亦是庭园花镜的好材料。国家二级重点保护野生植物。

▶ **十大功劳属** Mahonia Nutt.

北江十大功劳 Mahonia fordii Schneid.

灌木。花期 7～9 月，果期 10～12 月。产于广东乳源、新丰、从化、龙门、惠阳、惠东、东莞等地。生于中低海拔的山谷溪边林中、林缘、路旁。分布于中国重庆。

花序金黄色，叶形奇特秀丽，具有较高的观赏价值。

▶ **南天竹属** Nandina Thunb.

南天竹（蓝田竹、红天竺）**Nandina domestica** Thunb.

灌木。花期 3～7 月，果期 6～11 月。产于广东乐昌、乳源、连州、连南、翁源、新丰、连平、和平、龙门、平远。生于山地林下、沟谷旁、路边或灌丛中。分布于中国长江流域各地。日本也有分布。

枝繁叶茂，花白果红，株形优美，是优良的园林观赏植物。

24. 马兜铃科 Aristolochinaceae

▶ **马兜铃属** Aristolochia L.

长叶马兜铃 Aristolochia championii Merr. et Chun

藤本。花期 6～7 月，果期 9～11 月。产于广东信宜。生于中海拔的山谷林下、沟边。分布于中国香港、广西、贵州、四川、云南。

花形奇特，有较高的观赏价值，适用于庭园绿廊、围篱或栅栏美化。

通城虎（福氏马兜铃）**Aristolochia fordiana** Hemsl.

藤本。花期 3～4 月，果期 5～7 月。产于广东博罗、德庆、罗定、郁南、阳春、封开。生于山谷林下、灌丛或石壁上。分布于中国香港、广西、江西、福建、浙江。

花形奇特，庇荫效果好，是优良的棚架花廊植物和坡面绿化植物。

耳叶马兜铃 Aristolochia tagala Champ.

草质藤本。花期 5～8 月，果期 10～12 月。产于广东增城、肇庆、珠海、茂名、徐闻等地。生于阔叶林中、林下、沟边。分布于中国广西、台湾、云南。印度、越南、马来西亚、印度尼西亚、菲律宾和日本也有分布。

为良好的庭园观赏和园林绿化树种。也可药用。

▶**细辛属 Asarum** L.

尾花细辛 Asarum caudigerum Hance

多年生草本。花期 4～11 月。产于广东乐昌、乳源、连州、阳山、仁化、曲江、英德、始兴、龙门、高州。生于中低海拔的林下阴湿地、岩石上。分布于中国广西、湖南、江西、福建、台湾、浙江、湖北、四川、云南等地。越南也有分布。

叶色浓绿，株形优美，可作为室内几案盆栽观赏植物。全草可入药，或作兽药使用。

金耳环（马蹄细辛）**Asarum insigne** Diels

多年生草本。花期 3～4 月。产于广东乐昌、英德、阳山、龙门、博罗、广州、阳江。生于林下阴湿地或土山坡上。分布于中国广西、江西。

叶色四季翠绿，中脉两旁有白色云斑，花形优美，可供观赏。全草具浓烈麻辣味，为广东产的"跌打万花油"的主要原料之一。国家二级重点保护野生植物。

29. 三白草科 Saururaceae

▶**三白草属 Saururus** L.

三白草 Saururus chinensis（Lour.）Baill.

湿生草本。花期 4～6 月。广东大部分山区县有产。生于低湿沟边、塘边或溪旁。分布于中国山东、河南、河北和长江流域以南各省份。日本、菲律宾至越南也有分布。

株形及花均美，可供观赏。也可净化富营养化水体。

30. 金粟兰科 Chloranthaceae

▶**草珊瑚属 Sarcandra** Gardner

海南草珊瑚 Sarcandra glabra（Thunb.）Nakai subsp. **brachystachys**（Blume）Verdcourt［S. *hainanensis*（Pei）Swamy et Bailey］

草本。花期 10 月至翌年 5 月，果期 3～8 月。产于广东连州、阳山、翁源、新丰、连平、和平、龙门、惠东、增城、深圳、高要。生于中海拔的山坡、山谷林下、溪边林中。分布于中国海南、广西、湖南、四川、云南。

植株耐阴，果幼时绿色，熟时橙红色，可供观赏。全株入药，能消肿止痛、通利关节。

36. 白花菜科 Capparidaceae

▶**鱼木属 Crateva L.**

钝叶鱼木（三叶鱼木、赤果鱼木）**Crateva trifoliata**（Roxb.）B. S. Sun

乔木或灌木。花期 3～5 月，果期 8～9 月。产于广东阳江、徐闻、雷州。生于海滨沙地、石灰岩疏林或竹林中。分布于中国广西、海南、云南。印度至中南半岛也有分布。

伞房花序大型而美丽，树姿秀美，是优良的庭院观赏、绿荫树种。

树头菜（鱼木）**Crateva unilocularis** Buch. -Ham.

落叶乔木。花期 3～7 月，果期 7～8 月。产于广东广州、高要、阳江、雷州。生于海拔 500 米以下的沟谷或平地、水旁或石山密林中。分布于中国广西及云南等省份。尼泊尔、印度、缅甸、老挝、越南、柬埔寨也有分布。

株形秀美，花色美丽高雅，可孤植、丛植观赏。

40. 堇菜科 Violaceae

▶**堇菜属 Viola L.**

蔓茎堇菜（七星莲）**Viola diffusa** Ging.

多年生草本。花期春夏，果期 7～9 月。广东各山区县有产。生于山地林下、林缘、草坡、溪谷旁。分布于中国南部各省份。印度、越南、菲律宾、日本也有分布。

开花期较早，花期长，是优良的花卉材料。全草入药，能清热解毒。

紫花堇菜 Viola grypoceras A. Gray

多年生草本。花期 4～5 月，果期 6～8 月。产于广东乳源、连州、连山、连南。分布于中国华南、华东及华中地区。日本、韩国也有分布。

花色淡雅，宜盆栽或片植于庭园中稍荫蔽处观赏。

紫花地丁 Viola phillippica Cav.

多年生草本。花期 4～9 月。产于广东乐昌、乳源、连州、连山、连南、南雄、始兴、阳山等地。生于荒地、山坡草丛、林缘或灌丛中。分布于中国各地。朝鲜、日本、俄罗斯也有分布。

适合在早春布置花坛、片植作地被或盆栽观赏。全草供药用，能清热解毒、凉血消肿。嫩叶可作野菜食用。

42. 远志科 Polygalaceae

▶**远志属 Polygala L.**

华南远志（金不换、鹧鸪菜、紫背金牛）**Polygala chinensis** L.（*P. glomerata* Lour.）

草本。花期 4～10 月，果期 5～11 月。广东各地有产。生于灌丛、空旷草地上。分布于中国华南和西南地区。印度经马来西亚至澳大利亚也有分布。

株形优美，花色清秀，适合片植作地被或盆栽观赏。全草入药，具清热解毒、消积、祛痰止咳、活血散瘀之功效。

香港远志 Polygala hongkongensis Hemsl.

直立草本至亚灌木。花期 5～6 月，果期 6～7 月。产于广东乐昌、乳源、连州、连山、连南、阳山、龙门、增城、从化、博罗、蕉岭、深圳、东莞、封开。生于山地沟谷林下或灌丛中。分布于中国香港、澳门、江西、福建、四川。

株姿优美，花色秀丽，可作庭园丛植、片植或盆栽观赏植物。

45. 景天科 Crassulaceae

▶**景天属** Sedum L.

东南景天（石板菜）**Sedum alfredi** Hance

多年生肉质草本。花期 4～5 月，果期 6～7 月。产于广东乐昌、乳源、始兴、龙门、大埔、五华、肇庆、云浮。生于中低海拔的山坡林下阴湿石上。分布于中国广西、湖南、江西、福建、台湾、浙江、江苏、安徽、湖北、四川、贵州。朝鲜、日本也有分布。

花美丽，可作盆栽或吊挂观赏植物。

佛甲草（狗豆芽、珠芽佛甲草、指甲草）**Sedum lineare** Thunb.

多年生草本。花期 4～5 月，果期 6～7 月。产于广东乐昌、乳源、连州、连山、连南、阳山、云浮、封开等地。生于低山或平地草坡上。分布于中国湖南、江西、福建、台湾、浙江、江苏、安徽、河南、湖北、四川、贵州、云南、甘肃、陕西。

花色明艳，观赏价值极高，可盆栽于室外阳台、花坛等地。全草药用，有清热解毒、散瘀消肿之功效。

47. 虎耳草科 Saxifragaceae

▶**梅花草属** Parnassia L.

鸡肫梅花草（鸡眼梅花草）**Parnassia wightiana** Wall. ex Wight et Arn.

多年生草本。花期 7 月，果期 9 月。产于广东乐昌、乳源、连州、连山、连南、阳山、新丰、龙门、丰顺、封开。生于山谷疏林下、山坡杂草中、沟边和路边等。分布于中国广西、湖北、湖南、贵州、四川、陕西、云南和西藏。

花朵洁白优雅，可作湿地观赏植物。

▶**虎耳草属** Saxifraga Tourn. ex L.

虎耳草 Saxifraga stolonifera Curt.

多年生草本。花果期 4～11 月。产于广东乐昌、乳源、南雄、连州、连山、连南、阳山、新丰、连平、龙门、从化、平远、蕉岭、饶平、阳春、信宜。生于海拔 400～1 500 米的林下、灌丛、草甸和阴湿岩隙。分布于中国广西、河北、陕西、甘肃东南部、江苏、安徽、浙江、江西、福建、台湾、河南、湖北、湖南、四川东部、贵州、云南东部和西南部。朝鲜、日本也有分布。

株形美观，可供观赏。全草入药。

55. 番杏科 Aizoaceae

▶ 海马齿属 Sesuvium L.

海马齿（滨苋）Sesuvium portulacastrum（L.）L.

多年生肉质草本。花期4～7月。产于广东惠阳、陆丰、海丰、台山、深圳、珠海、阳江、湛江等地。分布于中国海南、福建、台湾。广布于全球热带及亚热带海滨。

茎叶肥厚多肉，花姿优雅可爱，具有较高的观赏价值。该种有毒，使用时应注意。

56. 马齿苋科 Portulacaceae

▶ 马齿苋属 Portulaca L.

毛马齿苋 Portulaca pilosa L.

一年生或多年生草本。花果期5～8月。产于广东海丰、陆丰、深圳、珠海、东莞、广州、高要、电白、吴川。生于海边沙地。分布于中国海南、广西、福建、台湾、云南。菲律宾、马来西亚、印度尼西亚和美洲热带地区也有分布。

花朵艳丽，适合盆栽或花坛、吊盆栽植。

71. 凤仙花科 Balsaminaceae

▶ 凤仙花属 Impatiens L.

华凤仙 Impatiens chinensis L.

一年生草本。花期5～8月，果期8～10月。广东各山区县有产。生于池塘边、水沟旁、田边或沼泽地。分布于中国广西、海南、湖南、浙江、江西、福建、云南。越南、缅甸、印度也有分布。

株形美丽，花艳红，可用于水湿处绿化和观赏。

香港凤仙花 Impatiens hongkongensis Grey-Wilson

多年生草本。花期9～10月。产于广东深圳。生于山坡潮湿处。分布于中国香港。

可用于花坛栽培或盆栽观赏。

管茎凤仙花（香花凤仙花）Impatiens tubulosa Hemsl.

一年生草本。花期8～12月。产于广东乐昌、英德、阳山、仁化、连平、新丰、龙门、从化、博罗、惠东、云浮、阳春。生于林下或沟边阴湿处。分布于中国广西、福建、浙江、江西、贵州。

花叶均美观，可作地被或盆栽观赏。

72. 千屈菜科 Lythraceae

▶ 紫薇属 Lagerstroemia L.

广东紫薇 Lagerstroemia fordii Oliv. et Koehne

乔木。花期6～10月，果期8～10月。产于广东深圳、东莞。生于山地疏林中。分布于中国香港、福建。

花色艳丽，适作庭园树、行道树、园林造景、根雕等。

南紫薇 Lagerstroemia subcostata Koehne

落叶乔木。花期 6～8 月，果期 9～12 月。产于广东乐昌、乳源、连州、连山、连南、阳山、南雄、始兴、仁化、英德、翁源、新丰、连平、和平、龙门。分布于中国广西、江西、台湾、浙江、安徽、湖南、湖北、四川、青海。日本也有分布。

花色艳丽，树皮光滑，常剥落，适作庭园树、行道树。花供药用，有祛毒消瘀之功效。

▶**节节菜属 Rotala** L.

圆叶节节菜 Rotala rotundifolia（Buch. -Ham. ex Roxb.）Koehne

肉质草本。花期秋季至翌年春季。广东各地广布。分布于中国长江以南各省份。生于水田或湿地上。印度、斯里兰卡、印度尼西亚、越南、菲律宾、日本也有分布。

生性强健，叶肉质，小花粉红色至紫红色，可丛植于池边、湿地，也可盆栽观赏。

▶**虾子花属 Woodfordia** Salib.

虾子花 Woodfordia fruticosa（L.）Kurz

灌木。花期春季，果期夏季。产于广东云浮、广州。生于山坡、路旁。分布于中国广西、云南。越南、缅甸、印度、斯里兰卡、印度尼西亚及马达加斯加也有分布。

花多而密，色泽鲜艳，形态别致，是良好的庭园美化植物。全株含鞣质，可提制栲胶。花干燥后可治痢疾、肝病、烫伤等。

81. 瑞香科 Thymelaeaceae

▶**瑞香属 Daphne** L.

白瑞香 Daphne papyracea Wall. ex Steud.

灌木。果熟期 7～8 月。产于广东乐昌、乳源、连州、曲江、从化、信宜。生于中低海拔的山谷中、林中、林缘、路旁。分布于中国华南、华中、西南地区。

枝干丛生，株形优美，花香浓郁，有较高的观赏价值。根及茎皮入药，可祛风除湿、调经止痛，主治风湿麻木、筋骨疼痛、跌打损伤、癫痫、月经不调、经期手脚冷痛。

▶**荛花属 Wikstroemia** Endl.

了哥王 Wikstroemia indica（L.）C. A. Mey.

半常绿小灌木。花果期夏秋间。广东各地广布。生于中低海拔的山谷、路旁、灌丛、旷野、田边等。分布于中国长江以南各省份。越南、印度、菲律宾也有分布。

以观果为主，可盆栽作盆景。将根叶煮汁可作杀虫剂。茎皮纤维为造高级纸及人造棉原料。全株有毒，具清热解毒、化痰止痛、消肿散结、通经利水之功效。

细轴荛花（野棉花、地棉麻）**Wikstroemia nutans** Champ. ex Benth.

灌木。花期春季至初夏，果期夏秋季。广东各地有产。生于山地疏林或灌丛中。分布于中国华南及湖南、福建、台湾。越南也有分布。

花黄绿色，果熟后红色，是优良的观赏植物。茎皮纤维可供造纸和人造棉。全株有毒，根、皮对人的皮肤有刺激性，入药主治水肿乳腺炎、腮腺炎、跌打损伤等。

88. 海桐花科 Pittosporaceae

▶**海桐属 Pittosporum Banks ex Gaertn.**

光叶海桐 Pittosporum glabratum Lindl.

灌木。花期 4 月，果熟期 9 月。广东大部分地区有产。生于山地常绿阔叶林或次生林中。分布于中国华南及湖南、贵州。

枝繁叶茂，花开香味袭人，为优良的园林花卉。根供药用，有镇痛功效。

94. 天料木科 Samydaceae

▶**天料木属 Homalium Jacq.**

天料木 Homalium cochinchinense（Lour.）Druce

小乔木或灌木。花期很长，几乎终年可开花结果。广东大部分地区有产。生于山地林中、丘陵、林缘。分布于中国华南及福建、湖南。越南也有分布。

花洁白淡雅，极具观赏价值，为优良的木本观赏乡土树种，也为两广、海南的名贵材用树种。

104. 秋海棠科 Begoniaceae

▶**秋海棠属 Begonia L.**

秋海棠 Begonia grandis Dry.

多年生草本。花期 7 月，果期 8～9 月。产于广东连南、紫金、惠阳、封开，广州、东莞等地有栽培。生于山谷林下阴湿处。分布于中国广西、江西、湖南、湖北、浙江、四川、贵州、河南、河北、山东、陕西等地。日本、马来西亚、印度及爪哇也有分布。

其花及叶均美，适于盆栽摆设，或栽于花坛和花径。花当茶叶泡饮，有消暑、健胃、解酒作用。

阳春秋海棠 Begonia coptidifolia H. G. Ye，F. G. Wang，Y. S. Ye et C.-I Peng

草本。花期 7～9 月，果期 10～12 月。产于广东阳春。生于海拔 600 米左右的溪谷。广东特有。

叶片为深裂叶形，具有较高的观赏价值；在植物系统学上具有重要的科研价值。

粗喙秋海棠 Begonia longifolia Blume（*B. crassirostris* Irmsch.）

多年生肉质草本。花期 4～5 月，果熟期秋季。产于广东乐昌、连山、翁源、连平、大埔、博罗、广州、深圳、高要、新兴、信宜。生于海拔 500～1 400 米的林下、山谷水边荫蔽处。分布于中国广西、湖南、福建、贵州、云南等地。

其花及叶均美，宜盆栽，用于室内点缀，也可配植于花径和庭园中。

裂叶秋海棠 Begonia palmata D. Don

草本。花期 6～7 月，果期 7～8 月。广东各地山区有产。生于林下和山谷阴湿处。分布于中国长江以南各省份。印度、孟加拉国、尼泊尔、不丹、缅甸、越南也有分布。

其花及叶均美，适于盆栽摆设，或栽于花坛和花径。全草入药，可清热解毒、化瘀消肿，用于治疗感冒、急性支气管炎、风湿性关节炎、跌打内伤瘀血，外用治毒蛇咬伤、跌打肿痛。

108. 山茶科 Theaceae

▶**圆籽荷属** Apterosperma Hung T. Chang

圆籽荷 Apterosperma oblata Chang

灌木或小乔木。花期5～6月，果期9～10月。产于广东恩平、阳春、信宜。生于山地林中。分布于中国广西东南部。

树形优美，花淡黄色，可用于庭园美化。为单种属植物，在系统分类上具有学术研究的价值。国家二级重点保护野生植物。广东省重点保护野生植物。

▶**山茶属** Camellia L.

杜鹃叶山茶（杜鹃红山茶）**Camellia azalea** C. F. Wei

灌木。几乎四季可开花。产于广东阳春。生于海拔200米左右的河边山谷岸边向阳处。广东特有。

花娇艳夺目，风姿独特，是绿化、美化环境的优良树种。国家一级重点保护野生植物。广东省重点保护野生植物。

糙果茶 Camellia furfuracea（Merr.）Cohen-Stuart

灌木或小乔木。花期11～12月，果期翌年9～10月。广东大部分地区有产。生于山地林中。分布于中国广西、湖南、福建、江西。越南也有分布。

枝繁叶茂，花大而洁白，亦可观果，用于绿化观赏。果可食用，或用于榨油。

南山茶（广宁红花油茶）**Camellia semiserrata** C. W. Chi

乔木。花期冬季中期至春季。产于广东乳源、清远、博罗、和平、广州、高要、恩平、广宁、阳春、罗定、德庆、封开、茂名。生于山地林中、林缘。分布于中国广西。

枝繁叶茂，花大美丽，适宜作园林观赏树种。果实可用于榨油。

▶**大头茶属** Polyspora Sweet

大头茶 Polyspora axillaris（Roxb. ex Ker Gawl.）Sweet［*Gordonia axillaris* (Roxb.) Dietrich］

乔木。花期9～10月，果期11～12月。产于广东五华、惠东、惠阳、紫金、广州、深圳、珠海、恩平、新会、台山、阳春、电白等地。生于山地次生林中或灌丛中。分布于中国华南及台湾、云南、四川。

树姿优美整齐，花大而色洁白，为优良的庭园风景树、绿荫树。适应性强，侧根发达，抗风能力强，可用作先锋造林树种。

▶**核果茶属 Pyrenaria Blume**

大果核果茶（石笔木）**Pyrenaria spectabilis**（Champion）C. Y. Wu et S. X. Yang（*Tutcheria championii* Nakai）

常绿乔木。花期5～6月，果期8～9月。产于广东乐昌、乳源、曲江、龙门、平远、蕉岭、丰顺、饶平、海丰、惠东、惠阳、博罗、广州、东莞、深圳、珠海、新会、封开、郁南、德庆、阳春、信宜、化州等地。生于山谷林下、丘陵、林缘。分布于中国香港、福建。

花大洁白，花期特长，可作行道树、公园观赏树。树干通直，木材材质优良，果实富含蛋白质、脂肪、茶多酚等物质，是具有良好开发前景的用材和经济植物。

118. 桃金娘科 Myrtaceae

▶**肖蒲桃属 Acmena DC.**

肖蒲桃 Acmena acuminatissima（Blume）Merr. et Perry

乔木。花期7～10月，果期10～11月。产于广东高要、新兴、阳春、阳西、廉江、茂名。生于山地林中。分布于中国广西等省份。中南半岛、印度、印度尼西亚及菲律宾等地也有分布。

树干圆满通直，幼叶红褐色，花瓣白色，姿态优雅，适宜作风景林。成熟果实可供食用。木材坚硬耐腐，适作高档家具，也可作门、窗、梁、柱等，也是造船、桥梁、器具的上等材料。

▶**蒲桃属 Syzygium Gaertn.**

假黄杨（赤楠）**Syzygium buxifolium** Hook. et Arn.

灌木或小乔木。花期6～8月，果期9～11月。广东各地山区有产。生于低山疏林、林缘或灌丛。分布于中国长江以南各省份。日本和越南也有分布。

枝叶浓密，嫩叶红色，花白色，可供观赏，是良好的盆景材料。根可入药，能健脾利湿、平喘、散淤，治疗浮肿、小儿哮喘、跌打损伤、烫伤。

海南蒲桃（乌墨）**Syzygium cumini**（L.）Skeels

乔木。果期秋季。产于广东广州、珠海、雷州、廉江、徐闻。生于平地次生林及荒地上。分布于中国华南、华东至西南。亚洲东南部和澳大利亚也有分布。

枝繁叶茂，盛花期白花满树，适合作行道树、园景树。木材材质好，是造船、建筑等的重要用材树种。果实可以食用，具香甜气味。

红车 Syzygium hancei Merr. et Perry

乔木。夏秋季开花，果于翌年春季成熟。广东各山区县有产。见于低海拔的疏林中或林缘。分布于中国海南、广西、福建。

树形美丽，嫩叶红色，是优良的野生观赏植物。

香蒲桃 Syzygium odoratum（Lour.）DC.

乔木。花期夏季，果期夏秋。产于广东深圳、珠海、台山、阳江、雷州、吴川。生于平地疏林、常绿林中、海边。分布于中国广西、海南。越南也有分布。

树冠广阔，花色淡雅，适作湖边、溪边、草坪、绿地等的风景树和绿荫树。木材结构密致而均匀，适用于车辆、枕木、桥、造船及建筑等用材。适应性强，耐干旱、盐碱、瘠薄，可用于沿海沙地绿化。

120. 野牡丹科 Melastomataceae

▶ **野牡丹属** Melastoma L.

多花野牡丹 Melastoma affine D. Don

灌木。花期春夏季，果期秋冬季。产于广东乐昌、广州、东莞、深圳、龙门、阳春等地。生于中低海拔的山坡、山谷林下或疏林下。分布于中国台湾、云南、贵州以南等地。中南半岛至澳大利亚，菲律宾以南等地也有分布。

花大色艳，花期甚长，为美丽的观花植物。全草药用能消积滞、收敛止血、散瘀消肿，治消化不良、肠炎腹泻、痢疾；用根煮水内服，以胡椒作引子，可催生，故又名催生药。果熟后可食用。

野牡丹 Melastoma candidum D. Don

灌木。夏、秋至冬季开花，蒴果秋至冬季成熟。广东各地有产。生于海拔 1 200 米以下的山坡松林下、旷野、路旁、林缘或灌丛中。分布于中国广西、海南、福建、台湾。中南半岛各国也有分布。

花大色艳，花期甚长，为优良的观花植物。根和叶可药用，清热利湿、消肿止痛、散瘀止血。

地菍 Melastoma dodecandrum Lour.

半灌木状草本。花期夏季，果期 7～9 月。广东各地有产。生于海拔 1 250 米以下的旷野、丘陵、山坡矮草丛中。分布于中国广西、湖南、安徽、福建、江西、浙江、贵州等省份。越南也有分布。

花美色艳，花期甚长，是一种以观花为主的观赏植物。果实为球状浆果，成熟时果肉酸甜呈红色，可食用，也是良好的天然红色素原料。

毛菍 Melastoma sanguineum Sims

大灌木。花果期几乎全年。广东各地有产。生于低海拔地区的山坡、沟边、矮灌丛中。分布于中国华南地区。东南亚各国也有分布。

花大而美丽，花瓣粉红色或紫红色，果杯状球形，密被红色长硬毛，是优良的观花和观果植物。果可食。根、叶可供药用，根有收敛止血、消食止痢的作用；叶捣烂外敷有拔毒、生肌、止血的作用。

▶ **虎颜花属** Tigridiopalma C. Chen

虎颜花 Tigridiopalma magnifica C. Chen

多年生草本。花期 11 月，果期 3～5 月。产于广东阳江、电白、信宜、高州。生于海拔 300～600 米的山谷密林阴湿处。中国广东特有。

叶片巨大，酷似熊掌，花深红美丽，为罕见的野生观赏植物。国家二级重点保护野生植物。广东省重点保护野生植物。

13

121. 使君子科 Combretaceae

▶ **使君子属** Quisqualis L.

毛使君子 Quisqualis indica L. var. **villosa**（Roxb.）C. B. Clarke

攀缘状灌木。花期夏秋季。产于广东乐昌、阳春。生于疏林或林缘。分布于中国福建、台湾、四川。亚洲热带也有分布。

可作为棚架、墙垣、花廊等的绿化或观赏植物。

▶ **诃子属** Terminalia L.

榄仁树 Terminalia catappa L.

落叶乔木。花期春夏季，果期夏秋季。产于广东广州、信宜、阳春、湛江。常生于海岸、海边沙滩上。分布于中国海南、广西、台湾、云南。

宜作庭园和绿地的风景树或行道树，也是绿化防风树种的良好选择。木材红褐色、坚硬、光泽美观，适于作家具、镶板、细木工艺品。种子仁可炒食或生食，有杏仁味。树皮、叶可药用，有化痰止咳之功效，可治支气管炎。

123. 金丝桃科 Hypericaceae

▶ **黄牛木属** Cratoxylum Blume

黄牛木 Cratoxylum cochinchinense（Lour.）Blume

灌木或小乔木。花期春夏季，果熟期秋季。产于广东中部、西部和东部。常生于低海拔的山地、丘陵的疏林或灌丛中。分布于中国广西和云南。东南亚各国也有分布。

树皮黄褐色、光滑，似黄牛皮，故名"黄牛木"。开花时节，繁花满树，相当壮观，可供园林观赏。根、树皮、嫩叶入药，有清热解毒、化湿消滞、祛瘀消肿之功效。嫩叶作清凉饮料，能解暑热烦渴。

▶ **金丝桃属** Hypericum L.

金丝桃 Hypericum monogynum L.

无枝或多枝小灌木。花果期5～9月。产于广东乳源、乐昌、连州、连南、英德、阳山、博罗、广州、阳春。生于中低海拔的山坡、灌丛或旷地。分布于中国广西、福建、台湾、山东、安徽、江苏、浙江、江西、湖南、四川等地。

枝叶茂盛，花黄色，可盆栽或栽作绿篱。根、茎、叶、花、果均可入药，有镇静、抗菌消炎、创伤收敛之功效。

元宝草 Hypericum sampsonii Hance

草本。花期夏季至秋季。产于广东乐昌、乳源、南雄、始兴、连州、连山、连南、阳山、英德、龙门、和平、五华、大埔、平远、高要、封开、云浮等地。生于低海拔至中海拔的山地、旷野或沟旁。分布于中国甘肃以南各省份。日本、越南、缅甸、印度也有分布。

株形娇小，花色艳丽，宜盆栽或配植于花池供观赏。全草药用，可凉血止血、清热解毒、活血调经、祛风通络。

128A. 杜英科 Elaeocarpaceae

▶**猴欢喜属** Sloanea L.

猴欢喜 Sloanea sinensis（Hance）Hemsl.

乔木。花期秋季，果期翌年夏季。广东大部分地区有产。生于海拔 200～1 000 米的常绿阔叶林中或林缘。分布于中国广西、福建、台湾、浙江、江西、湖南、贵州。越南也有分布。

盛花期总状花序洁白如贝，有幽香，蒴果红色，外被长而密的紫红色刺毛，颜色鲜艳，很特别，为优良的木本花卉。树皮和果壳含鞣质，可提取栲胶，同时也是栽培香菇等食用菌的优良原料。种子含油脂。

130. 梧桐科 Sterculiaceae

▶**昂天莲属** Ambroma L. f.

昂天莲 Ambroma augustum（L.）L. f.

灌木。花期春夏季，果期秋季。产于广东广州、珠海、阳春、茂名等地。生于山谷沟边或林缘。分布于中国广西、云南、贵州。印度、马来西亚、越南、泰国、菲律宾、印度尼西亚等也有分布。

可栽于庭园供观赏，也可作花镜、花坛的配植。茎皮纤维洁白坚韧，可作丝织品的代用品。根皮药用，通经活血、消肿止痛，主治月经不调、疮疖红肿、跌打损伤等症。

▶**梧桐属** Firmiana Marsili

丹霞梧桐 Firmiana danxiaensis H. H. Hsue et H. S. Kiu

乔木。花期 5～8 月，果期 8～10 月。产于广东南雄、始兴、仁化、英德。生于低海拔的石山陡坡上山谷或崖壁上。分布于中国湖南。

花色嫩紫绚丽，为优良的观花观果乔木。国家二级重点保护野生植物。

▶**梭罗树属** Reevesia Lindl.

两广梭罗 Reevesia thyrsoides Lindl.

乔木。花期春夏季，果熟期冬季。产于广东中部、西部和东部。生于海拔 500～1 000 米 的林下、山坡上或山谷溪旁。分布于中国华南、华中、西南。越南、柬埔寨也有分布。

盛花期繁花满树，芳香覆郁，可栽于庭园、公园、校园中供观赏。树皮纤维性好，可制绳索和编织麻袋等，又是很好的造纸原料。

▶**苹婆属** Sterculia L.

假苹婆 Sterculia lanceolata Cav.

乔木。花期 4～6 月，果期 6～8 月。广东大部分地区有产。生于山坡、林缘、山谷溪旁。分布于中国华南和西南地区。中南半岛也有分布。

株形美观，秋季结果累累，色彩鲜艳，具有较高的观赏价值。茎皮纤维可作麻袋的原料，也可造纸、造人造棉、编制绳等。种子富含淀粉、脂肪。种仁含油脂，可炒熟或煮熟供食用，也可榨油。

131. 锦葵科 Malvaceae

▶**黄葵属** Abelmoschus Medik.

黄葵 Abelmoschus moschatus Medicus

草本。花期秋季，果期秋冬季。广东各地有产。生于田野、水沟旁或村庄附近旷地上。分布于中国华南及西南地区。亚洲热带地区也有分布。

花瓣黄色，中间为红褐色，色彩缤纷，有很高的观赏价值。种子具香味，可提制芳香油，是名贵的高级调香料。根药用，可治高热不退、肺热咳嗽、产后乳汁不通、大便秘结、尿路结石。

箭叶秋葵（红花马宁、萝卜根黄葵）**Abelmoschus sagittifolium**（Kurz）Merr.

多年生草本。花期秋季。产于广东雷州、徐闻。常见于草坡、旷地疏林下。分布于中国华南及西南地区。亚洲热带至澳大利亚也有分布。

叶形多样，箭形至掌状深裂，花瓣红色或黄色，有很高的观赏价值。根入药，治胃痛、神经衰弱，外用作祛瘀消肿、跌打扭伤和接骨药。

▶**木槿属** Hibiscus L.

木芙蓉 Hibiscus mutabilis L.

落叶灌木或小乔木。花期 8～10 月，果期 10～11 月。广东各地有产。生于山谷、村旁。分布于中国广西、云南、辽宁、河北、山东、陕西、安徽、江苏、浙江、江西、福建、台湾、湖南、湖北、四川、贵州等地。

花大色艳，常作园林观赏。木芙蓉花亦可作汤食，软滑爽口。茎皮纤维柔韧而耐水湿，可供纺织、制绳和缆索，作麻类代用品和原料，也可造纸用。

黄槿 Hibiscus tiliaceus L.

灌木或乔木。花期 6～8 月。产于广东南澳、海丰、陆丰、广州、深圳、东莞、珠海、肇庆、电白、阳江、徐闻等地。生长于海岸、港湾或潮水能达到的河岸或灌木丛中。分布于中国华南及台湾、福建。越南、老挝、柬埔寨、缅甸、印度、印度尼西亚、马来西亚、菲律宾也有分布。

花冠大，钟形，花瓣黄色，供观赏。树皮纤维供制绳索。嫩枝叶供蔬食。木材坚硬致密，耐朽力强，适于作建筑、造船及家具等用材。

▶**肖槿属** Thespesia Sol. ex Corrêa

桐棉（杨叶肖槿）**Thespesia populnea**（L.）Sol. ex Corrêa

乔木。花果期近全年。产于广东惠东、海丰、深圳、东莞、珠海、电白、雷州、徐闻、廉江等地。常生于海边林中。分布于中国海南、台湾。东南亚、南亚和非洲热带也有分布。

花叶俱美，适合作为庭园绿荫树、行道树及防风树。树皮可用来治痢疾、痔疮及各种皮肤疾病，叶子可用来消炎消肿，果实黏液可治皮癣。

▶**梵天花属** Urena L.

地桃花（肖梵天花）**Urena lobata** L.

直立小灌木。花期 7～10 月，果期 10～11 月。广东各地有产。生于林缘、丘陵、村庄或路旁旷地或草坡。分布于中国长江以南各省份。越南、老挝、柬埔寨、泰国、缅甸、日本等地也有分布。

株形矮小，花期满株红花，可供观赏。茎皮富含坚韧的纤维，供纺织和搓绳索，常用为麻类的代用品。根作药用，煎水点酒服可治疗白痢。

132. 金虎尾科 Malpighiaceae

▶**风筝果属** Hiptage Gaertn.

风筝果（风车藤）**Hiptage benghalensis**（L.）Kurz

木质大藤本。花期春季。果成熟期夏季。产于广东乐昌、清远、河源、惠阳、博罗、广州、深圳、肇庆、遂溪、云浮、化州、阳春。生于山谷疏林中、林缘。分布于中国广西、福建、台湾、云南。印度、东南亚地区也有分布。

蔓性强，多分枝，花团锦簇，可攀附于棚架、花廊或假山上作垂直绿化。茎药用，能温肾益气，治体弱虚汗。

136. 大戟科 Euphorbiaceae

▶**乌桕属** Triadica Lour.

山乌桕 Triadica cochinchinensis Lour. ［*Sapium discolor*（Champ. ex Benth.）Muell. -Arg.］

乔木。春夏间开花，果期秋季。广东大部分地区有产。生于中低海拔的山地疏林中、林缘、丘陵。分布于中国长江以南各省份。印度、越南、印度尼西亚也有分布。

树形优美，叶色有季相变化，冬季叶色变红，十分美观，适用于庭植美化或林相改造。木材可制火柴和茶箱。根皮及叶药用，治跌打扭伤、痈疮、毒蛇咬伤及便秘等。种子油可制肥皂。

乌桕 Triadica sebifera（L.）Small［*Sapium sebiferum*（L.）Roxb.］

乔木。花期夏秋季。广东除雷州半岛外，各地均有。生于低海拔的山坡平原、河谷或低山疏林中。分布于中国秦岭—淮河以南各省份。

叶片秋季变红，是南方有名的红叶树，适作为园景树、行道树。种子外被蜡质称为"桕蜡"，可提制"皮油"，供制高级香皂、蜡纸、蜡烛等。种仁榨取的油称"桕油"或"青油"，可制油漆、油墨等。

142. 绣球花科 Hydrangeaceae

▶**常山属** Dichroa L.

罗蒙常山 Dichroa yaoshanensis Y. C. Wu

落叶灌木或亚灌木。花期 5～7 月，果期 9～11 月。产于广东乳源、翁源、连山、连州、新丰、怀集等地。生于山谷林下、阴湿处。分布于中国广西、海南、湖南、云南。

花蓝色、多而美丽，是良好的观花和观果植物。

▶ **绣球属** Hydrangea L.

圆锥绣球（水亚木）**Hydrangea paniculata** Siebold

落叶灌木或乔木。花期 8～9 月。产于广东乳源、乐昌、南雄、曲江、连州、连南、连山、始兴、仁化、阳山、英德、翁源、连平、新丰、龙川、蕉岭、大埔、平远、广宁、怀集、封开、阳春等地。生于山谷溪边湿地上、路旁。分布于中国除东北以外的大部分省份。

花序呈球状，硕大，花形奇特，颜色鲜艳且随生长期的不同而变化，宜植于园林观赏，也是花境常用的材料。

▶ **冠盖藤属** Pileostegia Hook. f. et Thomson

星毛冠盖藤（星毛青棉花）**Pileostegia tomentella** Hand. -Mazz.

攀缘灌木。花期 3～8 月，果期 9～12 月。产于广东乐昌、乳源、始兴、翁源、曲江、连南、阳山、英德、新丰、连平、广州、龙门、惠阳、惠东、五华、大埔、蕉岭、博罗、高要、信宜、怀集。生于山谷林中。分布于中国广西、湖南、江西、福建。

花白色，大而美丽，可用于园林观赏或环境绿化。根和茎可药用，强筋壮骨。

143. 蔷薇科 Rosaceae

▶ **木瓜属** Chaenomeles Lindl.

皱皮木瓜 Chaenomeles speciosa（Sweet）Nakai

灌木。花期 3～5 月，果期 9～10 月。产于广东饶平。生于山地林中。分布于中国四川、云南、贵州、陕西、甘肃。缅甸也有分布。

早春先叶开花，花色艳丽，灿若红霞，秋季果色黄绿，芳香沁人心脾，是优良的园林观赏植物。果实含有丰富的齐墩果酸等有机酸，是风味独特的纯天然绿色食品。果实干制后入药，有祛风、舒筋、活络、镇痛、消肿、顺气之功效。

▶ **桂樱属** Laurocerasus Torn. ex Duh.

腺叶桂樱（腺叶野樱）**Laurocerasus phaeosticta**（Hance）C. K. Schneid.

灌木或小乔木。花期 4～5 月，果期 7～10 月。广东大部分地区有产。生于山坡、山谷林中或林缘。分布于中国长江以南各省份。东南亚、南亚各国亦有分布。

树姿挺拔，枝叶繁茂，盛花期满树如雪，非常壮观，是优良的庭荫树、风景树和绿化树。种仁含油率 34.5%，油色淡黄，为干性油，供制油漆、肥皂及其他工业用油。

大叶桂樱（大叶野樱）**Laurocerasus zippeliana**（Miq.）Browicz

乔木。花期 7～10 月，果期冬季。产于广东乐昌、始兴、乳源、仁化、曲江、连州、连山、英德、连平、翁源、广州、深圳、南海、顺德、高要、台山、怀集、封开等地。分布于中国广西、福建、湖南、江西、台湾、湖北、浙江、贵州、四川、云南、甘肃、陕西。日本和越南北部也有分布。

树姿优美，花多、色白如雪，是一种极优美的庭荫树、风景林。

▶**石楠属 Photinia** Lindl.

闽粤石楠 Photinia benthamiana Hance

灌木或小乔木。花期4~5月，果期7~8月。产于广东始兴、曲江、连南、英德、翁源、清远、蕉岭、平远、陆丰、惠阳、惠来、广州、博罗、紫金、东莞、深圳、信宜、高要、台山、新会等地。生于山坡或村落旁。分布于中国湖南、福建、浙江等地。越南也有分布。

新萌发的枝叶红艳剔透，观赏价值高，也可作花材。植株可修剪成球形或圆锥形等不同的造型。

桃叶石楠（石斑木）Photinia prunifolia（Hook. et Arn.）Lindl.

乔木。花期3~4月，果期10~11月。广东各地均有产。生于海拔900~1 100米的疏林中。分布于中国广西、福建、浙江、江西、湖南、贵州、云南。日本及越南也有分布。

树形美观，枝繁叶茂，夏季开白花，秋末红果累累，为观花和观果的优良木本花卉，可散植、列植作庭荫树、行道树，也可片植作防护林树种。

石楠 Photinia serratifolia（Desf.）Kalkman

灌木或小乔木。花期4~5月，果期9~11月。产于广东乳源、乐昌、连州、连南、阳山、平远。生于海拔230~750米的山地林中、林缘。分布于中国华南、华东、西南、西北等地区。日本、印度尼西亚也有分布。

树冠圆形，枝繁叶茂，嫩叶红色，果实红色，是优良的园林观赏树种。木材坚密，可制车轮及器具柄。种子榨油供制油漆、肥皂或润滑油。叶和根供药用，为强壮剂、利尿剂，有镇静解热等作用；又可作土农药防治蚜虫。

▶**石斑木属 Rhaphiolepis** Lindl.

车轮梅（春花木）Rhaphiolepis indica（L.）Lindl.

灌木。花期春季，果期夏季。广东各地有产。生于山地丘陵、林缘。分布于中国华南、华东至西南。中南半岛各国也有分布。

枝繁叶茂，花形美丽，可植于庭园内供观赏。根、叶可入药，根主治跌打损伤、关节炎；叶主治跌打瘀肿、创伤出血、无名肿毒、烫伤、毒蛇咬伤等。

▶**蔷薇属 Rosa** L.

小果蔷薇（小金樱子）Rosa cymosa Tratt.

攀缘灌木。花期5~6月，果期7~11月。广东各地均有产。生于海拔200~900米的山地林中或灌丛。分布于中国长江以南大部分地区。

花和果可供观赏。果实可酿酒及熬糖。嫩枝叶对羊和牛有一定的饲用价值。植株可固土保水、绿化美化。花可提取芳香油。

▶**花楸属 Sorbus** L.

美脉花楸 Sorbus caloneura（Stapf）Rehd.

灌木或乔木。花期4~6月，果期8~10月。产于广东乐昌、乳源、连南、英德、阳山、仁化、五华、丰顺、饶平、博罗、怀集、信宜。生于山地杂木林内、河谷地或山地。

分布于中国广西、湖南、湖北、四川、贵州、云南。越南北部也有分布。

花色淡雅，可作为庭荫树和大型绿篱。果、根药用，可治肠炎下痢、小儿疳积。

▶**绣线菊属** Spiraea L.

中华绣线菊 Spiraea chinensis Maxim.

灌木。花期3～6月，果期6～10月。产于广东乳源、连州、阳山、龙门、从化、博罗、和平、平远。生于海拔150～600米的山地林中或灌丛。分布于中国广西、福建、湖南、江西、湖北、安徽、四川、云南、贵州、江苏、浙江、河北、河南、陕西、内蒙古。

为良好的庭园观赏树种，是花篱和花径的好材料，也可以用作切花观赏。

146. 含羞草科 Mimosaceae

▶**海红豆属** Adenanthera L.

海红豆 Adenanthera microsperma Teijsm. et Binn. ［*A. pavonina* L. var. *microsperuma* (Teijsm. et Binn.) Nielsen］

落叶大乔木。花期4～7月，果期7～10月。产于广东阳山、英德、海丰、惠东、深圳、东莞、广州、珠海、高要、封开、郁南、阳春、德庆、高州、吴川、徐闻。生于山沟、林缘、溪边、灌丛。分布于中国海南、广西、云南、贵州、福建和台湾。缅甸、柬埔寨、老挝、越南、马来西亚、印度尼西亚也有分布。

生性强健，枝叶优美，可作为庭园风景树和行道树。心材暗褐色，质坚而耐腐，可供支柱、船舶、建筑用材。种子鲜红色而光亮，用作装饰品。

▶**合欢属** Albizia Durazz.

楹树 Albizia chinensis (Osbeck) Merr.

落叶乔木。花期3～5月，果期6～12月。产于广东清远、惠东、惠阳、广州、南海、深圳、肇庆、台山、阳春、高州、徐闻。生于林中、旷野、谷地或河溪边。分布于中国香港、广西、福建、湖南、云南、西藏。南亚至东南亚亦有分布。

生长迅速，枝叶茂盛，适合作为行道树、庭荫树观赏。木材褐色，色泽美，质柔软，耐朽力弱，可作家具、箱板等用材。树皮含单宁。

香合欢（香须树、黑格）**Albizia odoratissima** (L. f.) Benth.

大乔木。花期4～7月，果期6～10月。产于广东博罗、广州、阳江、高州、徐闻等地。在低海拔的疏林中常见。分布于中国广西、福建、贵州、云南。印度、马来西亚小有分布。

花淡黄色，有香味，可供绿化或观赏。木材深棕色、坚硬，纹理致密，适用于制造车轮、油磨和家具。

▶**猴耳环属** Archidendron F. Muell.

猴耳环 Archidendron clypearia (Jack) I. C. Nielsen ［*Pithecellobium clypearia* (Jack) Benth.］

乔木。花期2～6月，果期4～8月。广东大部分山区县有产。生于山地林中、林缘。分布于中国广西、海南、浙江、福建、台湾、云南。热带亚洲广布。

果旋卷成圆环，故有"猴耳环"之称，花和果均具观赏价值。该树木材纹理致密，宜作箱板、家具、农具等用材。其种子生、熟均可食用。

亮叶猴耳环 Archidendron lucidum (Benth) I. C. Nielsen（*Pithecellobium lucidum* Benth.）

乔木。花期 4～6 月，果实秋冬季成熟。广东大部分山区县有产。生于疏密林的林缘灌丛中。分布于中国华南及西南。印度、越南也有分布。

枝叶浓密，花和果具观赏价值，幼株可作绿篱，成树适合作庭园树、海岸造林树。枝叶药用有生肌、收敛、祛风、凉血、消肿、解毒之功效；果有毒。

147. 苏木科 Caesalpiniaceae

▶ 羊蹄甲属 Bauhinia L.

白花羊蹄甲（马蹄豆）**Bauhinia acuminata** L.

落叶小乔木或灌木。花期 5～7 月，果期 6～8 月。产于广东广州。分布于中国香港、海南、广西、云南。印度、斯里兰卡、马来半岛、越南、菲律宾也有分布。

适合庭植或作行道树观赏。花可食用，花药用可补肾壮阳、化湿通淋、清热解毒。

首冠藤 Bauhinia corymbosa Roxb. ex DC.

木质藤本。花期 4～6 月，果期 9～12 月。产于广东肇庆、龙门、深圳、阳春等地。生于山谷疏林中或山坡。分布于中国海南。世界热带、亚热带地区有栽培供观赏。

枝叶茂盛，花芳香美丽，是一种优良的藤本观赏植物，也可用于岩石边坡绿化。

粉叶羊蹄甲 Bauhinia glauca（Wall. ex Benth.）Benth.

木质藤本。花期 4～6 月，果期 7～9 月。产于广东连南、连平、从化、和平、饶平、龙门、深圳、东莞、珠海、肇庆、云浮、台山等地。生于山地疏林中或荫蔽的密林或灌丛中。分布于中国华南和西南等地。

为良好的木质花卉和垂直绿化植物。

▶ 仪花属 Lysidice Hance

短萼仪花 Lysidice brevicalyx Wei

乔木。花期 4～5 月，果期 8～9 月。产于广东和平、广州、高要、台山、封开、云浮、阳江、高州、东莞。生于中海拔的疏林或密林中。分布于中国广西等省份。

夏季开花成串下挂枝头，色彩缤纷，可作为庭园风景树和行道树。根、茎、叶可入药，能散瘀消肿、止血止痛。

仪花（单刀根）**Lysidice rhodostegia** Hance

灌木或常绿小乔木。花期 6～8 月，果期 9～11 月。产于广东连山、五华、广州、高要、封开、德庆、阳江、茂名等地。生于低海拔的山地丛林中、灌丛或山谷溪边。分布于中国广西、云南等地。我国南方多有栽培。

花美丽，花色淡雅，可单植、群植作庭园观赏树。根、茎、叶有小毒，药用能散瘀消肿、止血止痛。韧皮纤维可代麻。

▶ 任豆属 Zenia Chun

任豆 Zenia insignis Chun

乔木。花期 5 月，果期 6～8 月。产于广东乐昌、连州、连南、阳山、阳春。生于中低海拔的山地密林或疏林中，也生于石灰岩地区。分布于中国广西等地。越南也有分布。

花叶艳丽，可作为行道树或庭园树栽种。为速生树种，现广泛用于石灰岩地区荒山改造。

148. 蝶形花科 Papilionaceae

▶猪屎豆属 Crotalaria L.

大猪屎豆（凸尖野百合）**Crotalaria assamica** Benth.

直立高大草本。花果期 5～12 月。产于广东中部和西部。生于海拔 100～900 米的荒山草地及沙质土壤中。分布于中国华南及福建、台湾、贵州、云南。中南半岛、南亚等地区也有分布。

猪屎豆在道路、花坛、草坪边坡等绿化上具有一定的价值。全草可供药用，有散结、清湿热等作用，用于抗肿瘤治疗效果较好。

长萼猪屎豆（长萼野百合）**Crotalaria calycina** Schrank

多年生直立草本。花果期 6～12 月。产于广东乐昌、汕头、惠东、深圳、珠海、肇庆、徐闻。生于海拔 50～1 200 米的山坡疏林、林缘及荒地路旁。分布于中国华南、华东和西南地区。亚洲热带和亚热带、大洋洲、非洲地区也有分布。

花和果供观赏，也为良好的荒地绿化植物。全株药用，主治小儿疳积、肾炎、膀胱炎、尿道炎、咳嗽痰喘、痈疽疔疮。

▶黄檀属 Dalbergia L. f.

南岭黄檀 Dalbergia balansae Prain

乔木。花期 6 月，果期秋季。产于广东乳源、乐昌、连南、南雄、阳山、英德、翁源、新丰、从化、龙门、梅州、肇庆、高要、罗定、茂名等地。生于中低海拔的山地杂木林中、林缘或灌丛中。分布于中国华南及福建、浙江、四川、贵州。越南也有分布。

花多而密，为良好的观花乔木树种。耐虫力强，是优良的紫胶虫寄主树种。枝条和树干可用来培育木耳和白木耳。叶可作绿肥。

▶胡枝子属 Lespedeza Michx.

美丽胡枝子 Lespedeza thunbergii（DC.）Nakai subsp. **formosa**（Vogel）H. Ohashi [*L. formosa*（Vog.）Koehne]

直立灌木。花期 7～9 月，果期 9～10 月。广东大部分地区有产。生于山坡、路旁及林缘灌丛中。分布于中国黄河流域以南各省份。朝鲜、日本、印度也有分布。

为优良的观花灌木材料，可单植或丛植于园林中供观赏。木材坚韧，纹理细致，可作建筑及家具用材。种子含油量高，是营养丰富的粮食和食用油资源，也可作为生物质能源植物加以利用。

▶崖豆藤属 Millettia Wight et Arn.

香港崖豆（香港崖豆藤）**Millettia oraria** Dunn.

直立灌木或小乔木。花期 5～6 月，果期 10～11 月。广东沿海地区有产。生于海岸林中分布于中国香港、广西。

花色艳丽，为美丽的园林观赏植物。

厚果崖豆藤 Millettia pachycarpa Benth.

木质大藤本。花期4～6月，果期6～11月。广东大部分地区有产。生于山坡常绿阔叶林中。分布于中国广西、湖南、江西、福建、台湾、浙江、四川、贵州、云南、西藏。泰国、缅甸、越南、老挝、孟加拉国、印度、尼泊尔、不丹也有分布。

花序硕大而下垂，花朵美丽，在园林中可用作攀缘花架、花廊、假山观赏植物。果药用，可治疥疮、癣、癞、痧气腹痛、小儿疳积。

印度崖豆（美花鸡血藤、印度鸡血藤）**Millettia pulchra**（Benth.）Kurz.

直立灌木或小乔木。花期4～8月，果期9～10月。广东大部分地区有产。多生于山地常绿阔叶林中。分布于中国华南及台湾、云南。印度、缅甸、老挝也有分布。

花多而艳丽，为美丽的园林观赏植物，可栽植作绿篱。

▶**黧豆属 Mucuna** Adans.

白花油麻藤（禾雀花、雀儿花）**Mucuna birdwoodiana** Tutch.

大型木质藤本。花期4～6月，果期6～11月。产于广东连山、惠东、惠阳、河源、大埔、蕉岭、饶平、陆丰、博罗、广州、东莞、深圳、肇庆、新会、罗定、信宜、阳春等地。生于山坡阳处、路旁、溪边，常攀缘于大乔木或灌木上。分布于中国华南及江西、福建、贵州、四川。

花似禾雀，十分别致，可作棚架或花廊观赏植物。藤茎通经络、强筋骨、补血，用于治疗贫血、腰腿痛。

▶**红豆属 Ormosia** Jacks.

花榈木（花梨木、亨氏红豆）**Ormosia henryi** Prain

乔木。花期7～8月，果期10～11月。产于广东始兴、乐昌、南雄、英德、广州、五华。生于海拔100～1 300米的山坡、溪谷杂木林、林缘。分布于中国华南、华中、西南等地区。越南、泰国有分布。

树冠浓荫覆地，花朵艳丽，是优良的庭园树种。以根、根皮、茎及叶入药，可活血化瘀、祛风消肿，用于治疗跌打损伤、腰肌劳损、风湿关节痛、产后血瘀疼痛等。根皮外用治骨折；叶外用治烧烫伤。国家二级重点保护野生植物。

海南红豆 Ormosia pinnata（Lour.）Merr.

乔木或灌木。花期7～8月，果期9～10月。产于广东广州、肇庆、阳江、徐闻。生于山谷林中，或栽培。分布于中国华南地区。越南、泰国也有分布。

生性强健，可观花观果，为优良的庭园及行道树种。木材纹理通直，心材淡红棕色，边材淡黄棕色，材质稍软，可作一般家具、建筑用材。国家二级重点保护野生植物。

▶**狸尾豆属 Uraria** Desv.

狸尾豆 Uraria lagopodioides（L.）Desv. ex DC.

平卧或开展草本。花果期8～10月。广东大部分地区有产。生于海拔900米以下的坡地、路旁或灌丛中。分布于中国华南及福建、江西、湖南、贵州、云南、台湾。印度、缅甸、越南、马来西亚、菲律宾、澳大利亚也有分布。

花序奇特，供观赏。全草供药用，有消肿、驱虫之功效。

151. 金缕梅科 Hamamelidaceae

▶**蜡瓣花属** Corylopsis Siebold et Zucc.

瑞木（大果蜡瓣花）**Corylopsis multiflora** Hance

灌木。产于广东乐昌、仁化、南雄、封开、郁南等地。生于山地阔叶常绿林中。分布于中国华南及福建、江西、台湾、云南、湖南、湖北、贵州等地。

花朵美丽，可用于庭院观赏、丛植。

蜡瓣花 Corylopsis sinensis Hemsl.

灌木。花期3～4月，果期9～10月。产于广东乐昌、乳源、连州等地。生于山顶灌丛中。分布于中国广西、云南、江苏、安徽、浙江、江西、湖南、湖北、四川、贵州。

花序累累下垂，光泽如蜜蜡，色黄而具芳香，观赏价值高，花枝可作瓶插材料。根皮及叶可入药。

▶**红花荷属** Rhodoleia Champ. ex Hook.

红花荷 Rhodoleia championii Hook. f.

乔木。花期为1～3月。产于广东龙门、广州、东莞、博罗、新会、恩平、阳春、罗定、信宜等地。生于山地常绿林中或林缘。分布于中国海南、香港、贵州。

为优良的木本观赏花卉，早春开红色花朵，极为美丽壮观。材质适中，花纹美观，耐腐，是家具、建筑、造船、车辆、胶合板和贴面板优质用材。

▶**四药门花属** Tetrathyrium Benth.

四药门花 Tetrathyrium subcordatum Benth.

灌木或小乔木。花期9～10月。产于广东台山、中山。生于山地林中、路旁或海岸。分布于中国广西、贵州、香港。

树形优美，花形特殊，可开发作为优良的园林绿化树或景观树。国家二级重点保护野生植物。

197. 楝科 Meliaceae

▶**米仔兰属** Aglaia Lour.

米仔兰 Aglaia odorata Lour.

灌木。花期几全年。产于广东广州、深圳、中山、肇庆、阳春、化州、高州。生于低海拔的疏林中或灌丛。分布于中国广西、福建、云南等省份。东南亚各地也有分布。

树姿秀丽，花清雅芳香，是普遍种植的观赏木本花卉。枝叶药用可活血散瘀、消肿止痛，用于治疗跌打损伤、骨折、痈疮。

198. 无患子科 Sapindaceae

▶**无患子属** Sapindus L.

无患子 Sapindus saponaria L.（*S. mukorossii* Gaerm.）

乔木。花期 5～6 月，果熟期 10 月。广东大部分地区有产。常见于村边、寺庙、庭园。分布于中国长江以南各省份。中南半岛各国、印度和日本也有分布。

冬季落叶前，叶色变为金黄，色彩有季相变化，花小淡雅，有较高的观赏价值。植株的根、嫩枝叶、果肉、种仁亦供药用。

198B. 伯乐树科 Bretschneideraceae

▶**伯乐树属** Bretschneidera Hemsl.

伯乐树（钟萼木）**Bretschneidera sinensis** Hemsl.

落叶性乔木。花期 5～6 月，果熟期 10 月。产于广东北部和西部。常生长在海拔 500～1 500 米的山地疏林、山谷常绿阔叶林内。分布于中国广西、云南、湖北、湖南、浙江、福建、江西、四川、贵州等省份。泰国和越南也有分布。

花果均极为艳丽，有很高的观赏价值，是珍贵的园林绿化树种。木材硬度适中，不翘裂，色纹美观，为优良的家具及工艺用材。国家二级重点保护野生植物。

200. 槭树科 Aceraceae

▶**槭属** Acer L.

罗浮槭 Acer fabri Hance

乔木。主要产于粤北、粤东和粤西。生于山坡疏林中或林缘。分布于中国华南及贵州、四川、湖北、湖南、江西。

花果颇为美观，秋冬季节叶色变红，宜作庭荫树、行道树。果实亦可入药，清热解毒，用于治疗肝炎、跌打损伤等。

岭南槭 Acer tutcheri Duthie

落叶乔木。花期 4 月，果期 9 月。产于广东乐昌、乳源、曲江、连州、连山、连南、英德、阳山、连平、从化、龙门、和平、深圳、阳春、郁南、德庆、云浮、信宜、封开。生于山坡疏林中或林缘。分布于中国广西、湖南、江西、福建、浙江。

枝叶茂密，秋冬季节叶色绯红，花果颇为美观，宜作庭荫树、行道树。材质优良，可制家具等。

204. 省沽油科 Staphyleaceae

▶**野鸦椿属** Euscaphis Siebold et Zucc.

野鸦椿 Euscaphis japonica（Thunb.）Dippel

落叶小乔木或灌木。花期 5～6 月，果期 8～9 月。广东大部分地区有产。生于海拔 500～1 200 米的山谷林下、林缘或灌木丛中。除西北各省份外，主要分布于我国江南各省份，西至云南东北部。日本、越南也有分布。

叶色浓绿，花雅果艳，是观叶、观果的珍贵树种。根药用可解毒、清热、利湿，果药用可祛风散寒、行气止痛。

209. 山茱萸科 Cornaceae

▶ **桃叶珊瑚属** Aucuba Thunb.

桃叶珊瑚 Aucuba chinensis Benth.

灌木。花期 1~2 月，果熟期翌年 2 月。产于广东从化、河源、饶平、博罗、深圳、肇庆、郁南、阳春、电白、信宜等地。常生于海拔 1 000 米以下的常绿阔叶林中或疏林下沟边。分布于中国华南及福建、台湾。越南也有分布。

观叶和观果均佳，可作观赏绿篱，或配山石。叶可作为奶牛的精饲料。

212. 五加科 Araliaceae

▶ **幌伞枫属** Heteropanax Seem.

短梗幌伞枫 Heteropanax brevipedicellatus Li

灌木或小乔木。花期 11~12 月，果期翌年 1~2 月。产于广东乐昌、英德、新丰、翁源、龙门、和平、怀集、封开。生于山坡、丘陵疏林中。分布于中国广西、江西、福建、云南。

叶形奇特，也可观花，在园林中可作孤植，为很好的观赏树种。

幌伞枫 Heteropanax fragrans（Roxb.）Seem.

乔木。花期 3~4 月，果期冬季。广东大部分县市有产。生长在低山及平原地区。分布于中国南方各省份。印度、缅甸、不丹、印度尼西亚也有分布。

树姿幽雅，大型羽状复叶仿佛张开的雨伞，甚为壮观，为优美的庭园观赏树种。

213. 伞形科 Umbelliferae

▶ **当归属** Angelica L.

紫花前胡 Angelica decursiva（Miq.）Fraach. et Sav. ［*Peucedanum decursivum*（Miq.）Maxim.］

草本。花期 8~9 月，果期 9~11 月。产于广东乐昌、乳源、连州、仁化、新丰、从化、惠阳、深圳等地。生于山坡林缘、溪沟边或杂木林灌丛中。分布于中国广西、台湾、江西、浙江、江苏、安徽、湖南、湖北、河南、河北、辽宁、四川、贵州。东南亚、越南、日本、朝鲜、俄罗斯也有分布。

根称前胡，入药用于治疗感冒、发热、头痛、气管炎、咳嗽、胸闷等症。果实具辛辣香气，可提制芳香油。幼苗可作春季野菜。

▶ **天胡荽属** Hydrocotyle Lam.

红马蹄草（大样驳骨草、铜钱草、一串钱）**Hydrocotyle nepalensis** Hook.

草本。花果期 5~11 月。广东大部分地区均有。常生于山坡、路旁、水沟和溪边草丛中。分布于中国长江以南各省份。印度、马来西亚、印度尼西亚也有分布。

茎纤细，匍匐性好，叶四季常青，玲珑青翠。可用作小面积的草坪或盆栽观赏。全草入药，治跌打损伤、感冒、咳嗽痰血。

▶ **山芹属 Ostericum Hoffm.**

隔山香（柠檬香碱草）**Ostericum citriodorum**（Hance）C. Q. Yuan et R. H. Shan

草本。花期 6～8 月，果期 8～10 月。产于广东龙门、连州、广州等地。生于山坡灌木丛中或草丛中。分布于中国香港、广西、湖南、浙江、江西、福建。

为良好的草本绿化植物。根入药，有疏风清热、活血化瘀、行气止痛之功效，用于治风热咳嗽、心绞痛、胃痛、疟疾、痢疾、跌打损伤等。

215. 杜鹃花科 Ericaceae

▶ **吊钟花属 Enkianthus Lour.**

吊钟花 Enkianthus quinqueflorus Lour.

落叶或半常绿灌木。花期 3～5 月，果期 5～6 月。广东大部分山区有产。生于海拔 500 米以上的山坡或山顶疏林中。分布于中国广西、湖南、福建等省份。

花钟铃形，花姿清妍，为著名的木本观赏花卉。花药用，减肥消斑、美容养颜、祛火、平肝明目等功效。

▶ **白珠属 Gaultheria Kalm ex L.**

滇白珠（筒花木、满山香）**Gaultheria leucocarpa Blume var. crenulata**（Kurz）T. Z. Hsu

灌木。花期 5～6 月，果期 7～11 月。产于广东乐昌、乳源、连山、连南、曲江、英德、阳山、翁源、连平、龙门、和平、平远、肇庆。生于海拔 700～1 600 米的山谷、斜坡灌丛中。分布于中国长江流域及以南各省份。

花序淡雅，十分漂亮，是优良的观光植物。全株药用，可祛风除湿、解毒止痛，治疗风湿关节痛，外用治疮疡肿毒。

▶ **杜鹃花属 Rhododendron L.**

丁香杜鹃（华丽杜鹃）**Rhododendron farrerae Tate. ex Sweet**

灌木，高约 1 米。花期春季，秋季结果。产于广东乐昌、乳源、英德、从化、五华、丰顺、蕉岭、大埔、饶平、潮安、惠阳、惠东、海丰、博罗、深圳、阳江、封开等地及沿海岛屿。生于山坡较干燥的岩石旁或灌丛中。分布于中国广西、湖南、福建、江西、重庆。

花在叶未生出前开放，淡红色或紫丁香色，盛开时一树粉红，可作庭园或盆栽观赏植物。

广东杜鹃 Rhododendron kwangtungense Merr. et Chun

半常绿灌木。花期 5～6 月，果期 6～12 月。产于广东乐昌、乳源、连州、连山、仁化、英德、阳山、翁源、从化、大埔、封开。生于中海拔的山坡灌丛中。分布于中国广西、湖南。

为优良的观花灌木，可在林缘、溪边、池畔及岩石旁成丛成片栽植，也可于疏林下散植，可作花篱。

岭南杜鹃（紫花杜鹃）**Rhododendron mariae** Hance

灌木。花期3～4月。广东大部分地区有产。生于海拔400～600米的山谷、丘陵、灌丛、溪边丛林中。分布于中国香港、广西、江西、福建、湖南。

花色艳丽，可丛植于庭园或盆栽观赏。

毛棉杜鹃（羊角杜鹃）**Rhododendron moulmainense** Hook. f.

常绿灌木或小乔木。花春季盛开，果秋季成熟。广东大部分地区有产。生于次生林中。分布于中国华南及湖南、江西、福建、云南、贵州、四川。缅甸、越南、泰国、马来西亚、越南、泰国也有分布。

花大，白色或带粉红色，花繁色艳，可作庭院观赏树，也是优良的盆景材料。

杜鹃花（映山红）**Rhododendron simsii** Planch.

落叶灌木。花期2～4月，果期7～9月。广东大部分山区常见。生于海拔300米以上的向阳疏林中、丘陵或溪边，常见栽培。分布于中国长江流域以南各省份，西至云南。越南也有分布。

为优良的观花灌木。全株供药用，有行气活血、补虚之功效。木材可作工艺品等。

222. 山榄科 Sapotaceae

▶**紫荆木属** Madhuca J. F. Gmel.

紫荆木（滇木花生）**Madhuca pasquieri**（Dubard）H. J. Lam.

乔木。花期7～9月，果期10月至翌年1月。产于广东清远、封开、广宁、阳春、信宜、封开、湛江。生于山地常绿阔叶林中或林缘。分布于中国海南、广西、云南。越南北部也有分布。

树冠挺拔雄伟，枝繁叶茂，适合庭园观赏，可作为园景树、行道树等，也可用作水源涵养树栽种。种子含油30％，可食用。木材作建筑用材。国家二级重点保护野生植物。

223. 紫金牛科 Myrsinaceae

▶**紫金牛属** Ardisia Sw.

虎舌红 Ardisia mamillata Hance

矮小灌木。花期6～7月，果期11月至翌年3月，有时达6月。广东大部分地区有产。生于山谷密林下、灌丛中阴湿的地方。分布于中国广西、湖南、福建、四川、贵州等。

为适宜观叶观果的小型植物，是室内盆栽观赏佳品。也为民间常用的中草药，全草入药有清热、活血、生肌等功效。

东方紫金牛（春不老）**Ardisia squamulosa** Presl.

灌木或小乔木。产于广东珠江口岛屿。生于山地林中或灌丛。分布于中国台湾。马来西亚至菲律宾也有分布。

叶翠绿，秋季结实累累，适合作绿篱、修剪造型、庭园美化植物。全株入药，可止咳化痰、祛风解毒、活血止痛。

▶**铁仔属** Myrsine L.

密花树 Myrisine seguinii H. Lév. ［*Rapanea neriifolia*（Siebold et Zucc.）Mez］

灌木或小乔木。花期 4～5 月，果期 10～12 月。广东大部分地区有产。生于中低海拔的混交林、苔藓盛生的林中，亦见于林缘、灌木丛中。分布于中国华南至西南各省份。缅甸、日本、越南也有分布。

因花密生于叶腋或老枝叶痕上，故名密花树，花果十分雅致。根煎水服，可治膀胱结石；叶可敷外伤。木材坚硬，可作车杆车轴。

224. 安息香科 Styracaceae

▶**山茉莉属** Huodendron Rehd.

岭南山茉莉 Huodendron biaristatum（W. W. Smith）Rehd. var. **parviflorum**（Merr.）Rehd.

灌木至乔木。花期 3～5 月，果期 8～10 月。产于广东乐昌、乳源、连山、阳山、英德、翁源、连平、龙门、龙川、和平、信宜、封开、东莞等地。生于海拔 300～600 米的山坡密林中或林缘。分布于中国广西、湖南、江西和云南。

树形和花美丽，可作为庭院绿化树。花可以用于制作花茶。

▶**陀螺果属** Melliodendron Hand. -Mazz.

陀螺果 Melliodendron xylocarpum Hand. -Mazz.

落叶乔木。花期 4～5 月，果期 7～10 月。产于广东乐昌、乳源、始兴、连山、连南、南雄、曲江、阳山、英德、仁化、翁源、平远、怀集、德庆等地。生于中海拔的山地疏林或密林中。分布于中国广西、湖南、江西、福建、贵州、四川、云南。

花白色，树形美丽，可作为庭园树或行道树。木材呈黄白色，材质坚韧，适作农具或工具等用材。

▶**安息香属** Styrax L.

白花龙 Styrax faberi Perk

灌木。花期 4～6 月，果期 8～10 月。广东大部分地区有产。生于海拔 100～600 米的灌丛中。分布于中国华南、华中及西南各省份。

春夏季开白色花朵，簇生于枝顶，娇俏可人，宜栽植点缀庭园或成片栽于山坡。种子油供制肥皂和润滑油。根可治胃脘痛，叶可止血、生肌、消肿。

芬芳安息香 Styrax odoratissimus Champ. ex Benth.

小乔木。花期 3～4 月，果期 6～9 月。产于广东乐昌、乳源、连州、连南、连山、仁化、阳山、英德、和平、大埔、平远、蕉岭、丰顺、揭西、五华、博罗、深圳、东莞等地。生于海拔 600～1 500 米的山谷、山坡疏林中。分布中国长江流域以南各省份。

夏季开花，洁白芳香，可植于庭园供观赏或作为行道树。木材坚硬，可作建筑、船舶、车辆和家具等用材。种子油供制肥皂和机械润滑油。

越南安息香 Styrax tonkinensis（Pierre）Craib ex Hartw.

乔木。花期 4～6 月，果期 8～10 月。广东大部分地区有产。分布于中国广西、湖南、江西、福建、贵州、云南。越南也有分布。

夏季开花，洁白芳香，可植于庭园或作行道树供观赏。木材结构致密，材质松软，可作火柴杆、家具及板材。种子油称"白花油"，可供药用，治疥疮。树脂称"安息香"，含有较多香脂酸，是贵重药材，并可制造高级香料。

225. 山矾科 Symplocaceae

▶ **山矾属** Symplocos Jacq.

腺叶山矾 Symplocos adenophylla Wall. ex G. Don

乔木。花期7～8月，果期8～9月。产于广东英德、翁源、蕉岭、大埔、丰顺、广宁、龙门、阳春、云浮、封开、信宜等地。生于海拔200～900米的山谷、疏林中或水沟旁。分布于中国广西、福建、云南。越南、印度、马来西亚、印度尼西亚也有分布。

树形美观，叶片和花美丽，适应性强，宜丛植、片植作风景林、生态林树种。

华山矾 Symplocos chinensis（Lour.）Druce

灌木。花期4～5月，果期8～9月。广东各地有产。生于中低海拔的丘陵、山坡、杂木林中。分布于中国广西、台湾、湖南、江西、福建、浙江、江苏、安徽、贵州、四川、云南等地。

花色淡雅，为良好的绿化乔木树种。根药用，治疟疾、急性肾炎；叶捣烂，外敷治疮疡、跌打；叶研成末，治烧伤、烫伤及外伤出血。

美山矾 Symplocos decora Hance

小乔木。花期3～5月，果期7～10月。产于广东乳源、连南、英德、饶平、深圳、肇庆、阳春、信宜等地。生于中高海拔的杂木林或山谷沟边。分布于中国广西、浙江。

叶常绿，花序大而繁茂，花香浓郁悠长，是优良的园林观赏植物。

黄牛奶树 Symplocos laurina（Retz.）Wall.

乔木。花期8～12月，果期翌年3～6月。广东各地有产。生于中低海拔的密林中、林缘、石山上。分布于中国长江以南各省份。印度、斯里兰卡也有分布。

树形开展，多分枝，花色洁白，花期较长，是优良的庭园风景树。树皮药用，可治感冒。木材可供制板料、木尺。种子油作滑润油或制肥皂。

228. 马钱科 Loganiaceae

▶ **醉鱼草属** Buddleja L.

白背枫 Buddleja asiatica Lour.

直立灌木或小乔木。花期1～10月，果期3～12月。广东各地有产。生于低海拔的林缘、灌丛中。分布于中国华南、华中、西南、西北、华北等地区。广布于世界的热带及亚热带地区。

花香气宜人，枝叶茂盛，是很好的园林绿化灌木。根和叶供药用，有祛风化湿、行气活络之功效。花芳香，可提取芳香油。

醉鱼草 Buddleja lindleyana Fort.

半常绿灌木。花期 4～11 月，果期 8 月至翌年 4 月。广东大部分地区有产。生于山地灌丛或林中。分布于中国广西、湖南、江西、福建、浙江、江苏、安徽、湖北、四川。日本也有分布。

夏秋季开花，蓝紫或白色的花穗布满树冠，秀丽淡雅，芳香宜人，是优良的观花灌木。花、叶及根供药用，有祛风除湿、止咳化痰、散瘀之功效。兽医用枝叶治牛泻血。全株可用作农药。

▶**灰莉属 Fagraea Thunb.**

灰莉 Fagraea ceilanica Thunb.

攀缘灌木或小乔木。花期 5 月，果期 10 月。产于广东揭西、广州、阳春、阳西、茂名等地。生于山地疏林或密林中，也有栽培。分布于中国华南及台湾、云南。印度、马来西亚也有分布。

花大而芳香，初开时白色，稍后渐变为淡黄色，分枝浓密且耐修剪，适用于园林绿化、盆栽或绿篱。抗污染能力强，适用于道路隔离带、交通主干道、林带以及景观节点等地的绿化。

229. 木樨科 Oleaceae

▶**流苏树属 Chionanthus L.**

流苏树（流苏）Chionanthus retusus Lindl. et Paxt.

落叶灌木或乔木。花期 3～6 月，果期 6～11 月。产于广东平远、韩江流域。生于海拔 1 000 米以下的稀疏混交林中或灌丛中。分布于中国福建、台湾、四川、云南、河南、河北、陕西、山西、甘肃。朝鲜、日本也有分布。

枝繁叶茂，花期如雪压树，且花形纤细，秀丽可爱，是优美的园林观赏树种。花、嫩叶晒干可代茶叶作饮料，味香。果实含油丰富，可榨油，供工业用。木材坚重细致，可制作用具。

▶**梣属 Fraxinus L.**

白蜡树 Fraxinus chinensis Roxb.

落叶乔木。花期 4～5 月，果期 7～9 月。产于广东乳源、乐昌、仁化、英德、南海、广州、高要、新会等地。生于海拔 600～1 600 米的山地杂木林中，多为栽培。分布于中国南北各省份。越南、朝鲜也有分布。

生长较快，生命力强，适合作为园林绿化植物。在我国栽培历史悠久，主要用于放养白蜡虫生产白蜡。木材坚韧，供编制各种用具，也可用来制作家具、农具、车辆、胶合板等；枝条可编筐。

光蜡树 Fraxinus griffithii C. B. clarke (*F. formosana* Hayata)

半落叶乔木。花期 6～7 月，果期 7～10 月。产于广东阳山、广州、东莞、珠海、肇庆、阳春。生于海拔 100～1 200 米的干燥山坡密林或疏林、林缘、村旁、河边。分布于中国华南及台湾。日本、印度尼西亚、菲律宾、印度等地也有分布。

花、果成束挂在枝头，十分赏心悦目，可作为优良的行道树和园景树。木材材质坚韧、纹理直，可制农具、车辆、胶合板、运动器材等；枝条可编筐箩。树皮可入药。栽培并放养白蜡虫，可生产白蜡。

苦枥木 Fraxinus insularis Hemsl.

落叶大乔木，高 20～30 米。花期 4～5 月，果期 7～9 月。产于广东乐昌、乳源、始兴、从化、龙门、五华、大埔、博罗、广州、深圳、东莞、阳春。分布于中国湖南、福建、台湾、浙江、湖北、四川等地。日本也有分布。

花多果红，可作为优良的行道树和庭园树。树皮药用，有消炎、镇痛作用，可清热燥湿、平喘止咳、明目。

▶ **素馨属 Jasminum L.**

清香藤 Jasminum lanceolaria Roxb.

攀缘灌木。花期 4～10 月，果期 6 月至翌年 3 月。广东大部分地区有产。分布于中国华南及湖南、江西、福建、浙江、安徽、湖北、贵州、云南、四川、河南、甘肃南部、陕西南部。印度、不丹、缅甸、泰国及越南也有分布。

花芳香，为良好的木本花卉，适用于庭院绿化。药用能祛风除湿、活血止痛。

▶ **女贞属 Ligustrum L.**

华女贞 Ligustrum lianum P. S. Hsu

灌木或小乔木。花期 4～6 月，果期 7 月至翌年 4 月。产于广东乐昌、乳源、仁化、曲江、连州、连山、连南、阳山、翁源、从化、龙门、五华、兴宁、饶平、惠东、博罗、深圳、怀集、封开、信宜等地。生于海拔 400～1 600 米的山谷疏密林中、林缘或灌木丛中。分布于中国华南及浙江、江西、福建、湖南、贵州。

株形美观，是良好的观花和观果植物。

山指甲（小蜡）Ligustrum sinense Lour.

灌木或小乔木。花期 5～6 月，果期 7～9 月。广东各地有产。分布于中国长江以南各省份及贵州、四川、云南等地。越南也有分布。

树冠整洁，分枝茂密，可修剪成各种造型，花白色，微芳香，是庭园美化的优良树种。果实可酿酒。种子可制肥皂。茎皮纤维可制人造棉。

231. 萝藦科 Asclepiadaceae

▶ **球兰属 Hoya R. Br.**

球兰 Hoya carnosa（L. f.）R. Br

攀缘藤本。花期 4～6 月，果期 7～8 月。广东大部分地区有产。生于山谷、林中，或栽培。分布于中国广西、福建、台湾和云南。印度、日本及大洋洲也有分布。

花白色，有微香，适用于半阴环境垂直绿化或吊盆栽培。

▶ **夜来香属 Telosma Coville**

夜来香 Telosma cordata（Burm. f.）Merr.

藤状灌木。花期 5～8 月，果期 10～12 月，极少结果。产于广东潮安、博罗、深圳、广州、梅州、惠阳、佛山、肇庆、湛江等地区。生于山坡灌木丛中，或栽培。分布于中国南方各省份。亚洲热带地区及欧洲、美洲均有栽培。

花芳香，常栽培供观赏。花可食用，也可蒸香油。花、叶可药用，有清肝、明目、祛翳之功效。

232. 茜草科 Rubiaceae

▶ **水团花属** Adina Salisb.

水团花 Adina pilulifera（Lam.）Franch. ex Drake

灌木至小乔木。花期 6～7 月，深秋果熟。广东各地山区有产。生于海拔 200～1 000 米的山谷疏林下或旷野、路旁溪边水畔。分布于中国海南、广西、湖南、江西、福建、浙江、江苏、安徽、贵州、云南等地。越南、日本也有分布。

夏日开花，花序头状如绒球，花色素雅，观赏价值高。

▶ **狗骨柴属** Diplospora DC.

狗骨柴 Diplospora dubia（Lindl.）Masam.

灌木或小乔木。花期 4～8 月，果期 5 月至翌年 2 月。广东各地有产。生于海拔 50～1 200 米的山坡、山谷沟边、林缘、丘陵、旷野的林中。分布于中国华南、西南及东部地区。越南、日本也有分布。

花稠密，黄绿色，果球形，熟时橙红色，可散栽于草地或空旷场所观赏。

▶ **绣球茜属** Dunnia Tutch.

绣球茜草 Dunnia sinensis Tutch.

灌木。花果期 4～11 月。产于广东龙门、珠海、新会、台山、阳春、阳西、电白等地。生于海拔 200～900 米的山谷林中、溪边灌丛中。中国广东特有。

花序大，花颜色鲜艳，衬以白色具有明显脉纹的变态叶状体，甚为美观，是良好的庭园观赏植物。医生常采其根作药用，称"野黄芩"。国家二级重点保护野生植物。

▶ **栀子属** Gardenia J. Ellis

狭叶栀子 Gardenia stenophylla Merr.

灌木。花期 4～8 月，果期 5 月至翌年 1 月。产于广东龙门、五华、惠东、阳春、阳西。生于海拔 100～800 米的山谷、溪边林中、灌丛或河边，或生于岩石上。分布中国华南及安徽、浙江。越南也有分布。

株形优美，花美丽，可作盆景栽植。果实和根供药用，有凉血、清热解毒之功效。

▶ **龙船花属** Ixora L.

龙船花（山丹花）**Ixora chinensis** Lam.

灌木。花期 5～7 月，果期 9～10 月。产于广东英德、博罗、深圳、广州、高要、阳江等地。生于海拔 100～800 米的疏林下、山坡、旷野灌丛中。分布于中国广西、香港、福建、台湾。马来西亚、印度尼西亚也有分布。

盛花时，多朵小花组成一个个火球，非常壮观，观赏价值高。

海南龙船花 Ixora hainanensis Merr.

灌木。花期 5～11 月。产于广东珠海、海丰、湛江。生于沙质土壤的丛林内、密林的溪旁或山谷湿润处。分布于中国海南。

盛花期花团锦簇，洁白素雅，为优良的园林观赏花卉。

白花龙船花 Ixora henryi Lévl.

灌木。花期 8～12 月。据《中国植物志》记载广东有分布。生于中海拔的杂木林内或林缘潮湿的岩石溪旁。分布于中国海南、广西、贵州、云南。越南也有分布。

花叶秀美，景观效果极佳，是重要的盆栽木本花卉。

泡叶龙船花 Ixora nienkui Merr. et Chun

灌木。花期 7～9 月。产于广东番禺、高州、阳春、徐闻。生于海拔 250～500 米的杂木林内、林谷的溪旁潮湿地。分布于中国海南、广西。越南也有分布。

叶和花供观赏，可用于切花或露地栽植。

▶**白马骨属** Serissa Comm. ex Juss.

六月雪 Serissa japonica（Thunb.）Thunb.

小灌木。花期 5～7 月。产于广东从化、龙门、饶平、惠阳。生于河溪边或丘陵杂木林中。分布于中国香港、广西、四川、云南、江苏、安徽、江西、浙江、福建。日本、越南也有分布。

盛花时白花点点，布满全株，如同覆盖一层雪，故名"六月雪"，适用于花坛、路边及花篱种植。

白马骨（满天星）**Serissa serissoides**（DC.）Druce

小灌木。花期 4～6 月。产于广东乐昌、乳源、始兴、南雄、仁化、阳山、新丰、翁源、连平、从化、大埔、兴宁、蕉岭、平远、博罗、高要。生于海拔 250～500 米的荒地或草坪。分布于中国广西、香港、福建、台湾、江苏、安徽、浙江、江西、湖北。日本也有分布。

花繁洁白，姿态别致，适用于花坛、花境种植。

233. 忍冬科 Caprifoliaceae

▶**六道木属** Abelia R. Br.

糯米条 Abelia chinensis R. Br.

灌木。花期 8～9 月，果期 10～11 月。产于广东乐昌、乳源、南雄、仁化、连州、阳山、连平、龙川、和平、平远、台山。生于海拔 150～1 100 米的山坡灌丛中。中国长江以南各省份广泛分布，在广西、浙江、江西、福建、台湾、湖北、湖南、四川、贵州和云南中低海拔的山地较常见。

花多而密集，开花期长，萼裂片变红色，耐寒，为优美的庭园观赏植物。

▶**忍冬属** Lonicera L.

淡红忍冬 Lonicera acuminata Wall.

落叶或半常绿藤本。花期 6～7 月，果熟期 10～11 月。产于广东乐昌、乳源、河源。

生于中低海拔的山坡疏林中或灌丛中。分布于中国广西、浙江、江西、福建、台湾、湖北、湖南、陕西、甘肃、安徽、四川、贵州、云南、西藏及喜马拉雅东部。缅甸、菲律宾及苏门答腊、爪哇、巴厘也有分布。

植株可供观赏。花供药用，在部分地区作"金银花"收购。

皱叶忍冬 Lonicera reticulata Champ. ex Benth.（*L. rhytidophylla* Hand.-Mazz.）

藤本。花期6～7月，果熟期10～11月。产于广东乳源、乐昌、始兴、连州、连山、阳山、英德、新丰、大埔、蕉岭、平远、兴宁、五华、丰顺、龙门、紫金、和平、博罗、新会、罗定、德庆、封开、高州、信宜。生于较低海拔的山谷、溪边、灌丛中。分布于中国香港、广西、江西、福建、湖南。

植株可供观赏。花供药用，在部分地区作"金银花"收购。

▶**接骨木属** Sambucus L.

接骨木 Sambucus williamsii Hance

落叶灌木或小乔木。花期一般4～6月，果熟期9～10月。产于广东乳源、乐昌。生于海拔200～800米的山坡、灌丛、溪沟边。分布于中国广西、海南、福建、湖北、湖南、河南、四川、贵州、云南、黑龙江、吉林、辽宁、河北、山西、陕西、甘肃、山东、江苏、安徽、浙江等地。

花、果可供观赏。全株药用，可治跌打扭伤、骨折肿痛、瘰病等症。

▶**荚蒾属** Viburnum L.

珊瑚树 Viburnum odoratissimum Ker Gawl.

灌木或小乔木。花期4～5月，果熟期7～9月。产于广东乐昌、乳源、连南、英德、翁源、从化、大埔、丰顺、饶平、紫金、博罗、高要、广宁、云浮、阳江、信宜、廉江、徐闻等地。生于中低海拔的山谷密林溪涧旁、疏林中向阳地或灌丛中。分布于中国海南、广西、湖南、福建。印度、缅甸、泰国和越南也有分布。

花淡雅，果红，形如珊瑚，绚丽可爱，可用作高大绿篱。根、叶可入药，广东民间以鲜叶捣烂外敷治跌打肿痛和骨折。

常绿荚蒾（坚荚树）**Viburnum sempervirens** K. Koch

灌木。花期5～6月，果熟期10～12月。广东各地有产。生于海拔100～1 200米的山谷密林或疏林中、林缘、溪涧旁、丘陵灌丛中。分布于中国海南、广西和江西等省份。

花冠白色，多而密，果熟时红色，可用作庭院、山石旁、小水池边配植供观赏。

238. 菊科 Compositae

▶**紫菀属** Aster L.

白舌紫菀 Aster baccharoides（Benth.）Steetz

木质草本或半灌木。花期7～10月，果期8～11月。产于广东梅州、新会、台山、阳江、东莞等地。生于海拔50～900米的山坡、灌丛、路旁草地和沙地。分布于中国香港、福建、江西、湖南、浙江。

为良好的草本观花植物。

三脉紫菀（三脉叶紫菀）**Aster trinervius** subsp. **ageratoides**（Turcz.）Grierson（*A. ageratoides* Turcz.）

草本。花果期 7～10 月。产于广东乐昌、乳源、仁化、连山、连南、英德、阳山、博罗、阳春、封开、信宜、东莞、广州等地。生于中低海拔的山地、山谷、疏林阳处路旁。分布于中国大部分省份。朝鲜、日本及亚洲东北部也有分布。

头状花序排列成伞状，色彩鲜艳，为良好的观花植物。

▶ **菊属** Chrysanthemum L.

野菊 Chrysanthemum indicum L.［*Dendranthema indicum*（L.）Des Moul.］

草本。花期 6～11 月。产于广东乐昌、乳源、始兴、南雄、连州、连山、连南、阳山、新丰、连平、和平、龙门、罗定、台山、东莞等地。生于海拔 200～1 000 米的山坡草地、灌丛、河边湿地、田边等。分布于中国大部分省份。印度、日本、朝鲜、俄罗斯也有分布。

花色艳丽，花姿优美，可用来布置花坛，也可制作盆花、花篮、花环等。全草入药，有清热解毒、疏风散热、散瘀、明目、降血压的功效。

▶ **橐吾属** Ligularia Cass.

狭苞橐吾 Ligularia intermedia Nakai

草本。花果期 7～10 月。粤北山区有产。生于海拔 100～1 000 米的山坡、水沟边、林缘、林下及高山草原。分布于中国云南、四川、贵州、湖北、湖南、河南、甘肃、陕西及华北、东北。朝鲜、日本也有分布。

花总状，美丽可爱，具较高的观赏价值。

大头橐吾 Ligularia japonica（Thunb.）Less.

草本。花果期 4～9 月。产于广东乐昌、乳源、连州、英德、翁源、博罗、深圳、封开、广宁、云浮、信宜。生于海拔 900 米左右的水沟边、林下或山坡草地上。分布于中国广西、香港、福建、台湾、湖北、湖南、江西、浙江、安徽。印度、朝鲜、日本也有分布。

花黄色，花期长，是优良的观叶、观花和切花植物。

239. 龙胆科 Gentianaceae

▶ **蔓龙胆属** Crawfurdia Wall.

福建蔓龙胆 Crawfurdia pricei（Marq.）H. Smith

草本。花期 10～12 月。产于广东乐昌、乳源、连州、连南、阳山、信宜。生于海拔 300～1 100 米的山坡草地、山谷灌丛或密林中。分布于中国广西、福建、湖南。

花冠粉红色、白色或淡紫色，钟形，宜盆栽供观赏。

▶ **龙胆属** Gentiana L.

五岭龙胆 Gentiana davidii Franch.

草本。花果期 7～11 月。产于广东乐昌、乳源、阳山、博罗、封开。生于海拔 350～1 200 米的山坡草丛、山坡路旁、林缘、林下。分布于中国广西、海南、台湾、福建、江西、浙江、安徽、湖南。

花朵美丽，花冠蓝色、狭漏斗形，具有极高的观赏价值。

华南龙胆 Gentiana loureiroi（G. Don）Grisebach

草本。花果期 2～9 月。产于广东乐昌、乳源、始兴、连山、英德、连平、从化、梅州、饶平、博罗、深圳、东莞、南海、珠海、化州、信宜。生于海拔 200～900 米的山坡路旁、山顶及林下。分布于中国华南及台湾、福建、江西、浙江、江苏、湖南。不丹、印度、缅甸、泰国、越南也有分布。

花姿小巧别致，花色高雅秀丽，可盆栽观赏。

▶**獐牙菜属** Swertia L.

獐牙菜 Swertia bimaculata（Siebold et Zucc.）Hook. f. et Thoms. ex C. B. Clarke

草本。花果期 6～11 月。产于广东乐昌、乳源、连州、阳山、怀集。生于 200～800 米的山坡草地、林下、灌丛中或沼泽地。分布于中国大部分省份。印度、尼泊尔、不丹、缅甸、越南、马来西亚、日本也有分布。

株形美观，花色美丽，宜配植于水塘边或湿地。

▶**双蝴蝶属** Tripterospermum Blume

香港双蝴蝶 Tripterospermum nienkui（Marq.）C. J. Wu（*Crawfurdia fasciculata* Wall.）

草本。花果期 9 月至翌年 1 月。产于广东乐昌、翁源、连州、连山、阳山、龙门、深圳、东莞、高要、阳春、信宜。生于海拔 500～1 500 米的山谷密林中或山坡路旁疏林中阴湿处。分布于中国广西、香港、福建、浙江、湖南。

花色多样，有紫色、蓝色或绿紫色，可用作地被观赏植物。

240. 报春花科 Primulaceae

▶**点地梅属** Androsace L.

点地梅 Androsace umbellata（Lour.）Merr.

草本。花期 2～4 月，果期 5～6 月。产于广东乐昌、乳源等地。生于山坡路旁、田边及空旷草地上。分布于中国东北、华北以及长江以南各省份。朝鲜、菲律宾、越南、缅甸、印度也有分布。

植株矮小，叶片丛生，有很高的观赏价值。

▶**珍珠菜属** Lysimachia L.

广西过路黄（四叶一枝花）**Lysimachia alfredii** Hance

草本。花期 4～5 月，果期 6～8 月。产于广东乐昌、乳源、始兴、仁化、南雄、曲江、连州、连南、连山、英德、连平、和平、新丰、蕉岭、大埔、丰顺、饶平、封开、德庆、郁南。生于海拔 200～600 米的林下、山谷、溪沟边。分布于中国广西、福建、江西、湖南。

花形雅致，可丛植或片植。

过路黄 Lysimachia christiniae Hance

草本。花期 5～7 月。产于广东乐昌、乳源、连州等地。生于海拔约 600 米的沟边、疏林下、溪边、林缘路旁阴湿处。分布于中国东部、中部及西南各省份。

花形雅致，用于花境、花坛布景。民间常用草药，有清热解毒、利尿排石之功效。

星宿菜 Lysimachia fortunei Maxim.

草本。花期 6～7 月。产于广东乐昌、始兴、仁化、连南、连山、阳山、英德、翁源、连平、龙门、蕉岭、大埔、丰顺、博罗、广州、东莞、高要、封开、郁南、罗定、阳春。生于林缘路旁、灌丛田埂及溪边。分布于中国香港、广西、台湾、福建、江西、浙江、江苏、安徽、湖南、湖北、河南、陕西、贵州、四川。朝鲜、日本也有分布。

夏季白花遍地，颇美观，宜用作地被或植于林边、疏林下。为民间常用草药，有清热利湿、活血之功效。

▶**报春花属** Primula L.

广东报春 Primula kwangtungensis W. W. Smith

草本。花期 2～3 月。产于广东乐昌、乳源等地。生于溪旁、疏林下潮湿石上。

花朵美丽，是珍稀的地被观赏植物，具有较高的园艺价值。

鄂报春（四季报春）**Primula obconica** Hance

草本。花期 3～6 月。产于广东乐昌、乳源等地。生于林下或石缝中。分布于中国广西、江西、湖南、湖北、贵州、云南、四川。

花美观，株丛小巧，宜盆栽，适于露地植于花坛、假山、岩石园等。世界各地均有栽培，为常见的盆栽花卉。

243. 桔梗科 Campanulaceae

▶**沙参属** Adenophora Fisch.

杏叶沙参 Adenophora petiolata subsp. **hunanensis**（Nannfeldt）D. Y. Hong et S. Ge（*A. hunanensis* Nannf.）

草本。花期 7～9 月。产于广东仁化、乳源、连州、阳山等地。生于山地草丛、林缘疏林下。分布于中国广西、贵州、四川、湖南、湖北、江西、河南、河北、山西、陕西。

花大而美丽，可供观赏。

中华沙参 Adenophora sinensis A. DC.

草本。花期 8～10 月。产于广东乐昌、乳源、连南、连山、怀集等地。生于海拔 1 200 米以下的疏林下、草丛或灌丛中。分布于中国福建、江西、安徽、湖南。

可供观赏。也可作药用，有养阴清热、润肺化痰之功效。

▶**金钱豹属** Campanumoea Blume

金钱豹 Campanumoea javanica Blume subsp. **japonica**（Makino）Hong

藤本。花果期 5～11 月。产于广东乐昌、连州、乳源、怀集等地。生于山地灌丛。分布于中国长江以南大部分省份。日本也有分布。

花和果可供观赏。

▶ **党参属** Codonopsis Wall.

羊乳 Codonopsis lanceolata（Siebold et Zucc.）Trautv.

藤本。花果期 7～8 月。产于广东乐昌、始兴、乳源、仁化、曲江、连州、连南、阳山、英德、和平、兴宁、五华、惠阳、博罗、深圳、怀集。生于海拔 300～600 米的疏林下、路旁阴湿处。分布于中国华南、华北至东北地区。俄罗斯、朝鲜、日本也有分布。

花有多色、黄绿色或乳白色，内有紫色斑，花期持久，适于作大型盆栽或植于花廊棚架下供观赏。

▶ **轮钟草属** Cyclocodon Griff. ex Hook. f. et Thompson

轮钟草（桃叶金钱豹）**Cyclocodon lancifolius**（Roxb.）Kurz［*Campanumoea lancifolia*（Roxb.）Merr.］

草本。花果期 7～11 月。产于广东乐昌、乳源、仁化、曲江、连州、阳山、英德、新丰、龙门、从化、和平、大埔、高要、怀集、封开、阳春、信宜。生于海拔 150～1 200 米的山坡林中、灌丛或林缘。分布于中国广西、海南、台湾、福建、江西、湖南、湖北、贵州、云南、四川。印度尼西亚、菲律宾、越南、柬埔寨、缅甸、印度也有分布。

根药用，无毒，有益气补虚、祛瘀止痛之功效。

▶ **蓝花参属** Wahlenbergia Schrad. ex Roth

蓝花参 Wahlenbergia marginata（Thunb.）A. DC.

草本。花果期 2～5 月。产于广东乐昌、始兴、乳源、连州、连山、阳山、英德、连平、龙门、平远、饶平、惠东、博罗、广州、深圳、封开、阳春。生于低海拔的山坡、荒地、田野、路边。分布于中国长江流域以南各省份。亚洲热带、亚热带地区及澳大利亚也有分布。

花暗蓝色或暗紫白色，花姿优美，可作观赏花卉。根药用，治小儿疳积、痰积和高血压等症。

249. 紫草科 Boraginaceae

▶ **天芥菜属** Heliotropium L.

大尾摇 Heliotropium indicum L.

草本。花果期 4～10 月。产于广东惠阳、博罗、东莞、深圳、广州、台山、高要、封开、云浮、阳江、茂名、廉江、徐闻等地。生于海拔 700 米以下的丘陵、路边、旷野、河岸及荒草地。分布于中国香港、海南、台湾、福建、云南。世界热带及亚热带地区均有分布。

镰状聚伞花序像狗尾巴，可植于林缘、花境观赏。

251. 旋花科 Convolvulaceae

▶ **银背藤属** Argyreia Lour.

银背藤（白鹤藤、白面水鸡）**Argyreia mollis**（N. L. Burman）Choisy（*A. obtusifolia* Lour.）

攀缘灌木。花期 8～10 月，果期 11 月至翌年 2 月。产于广东惠东、博罗、深圳、珠海、阳春等地。生于海拔 250～600 米的山沟、山谷的密林或疏林中。分布于中国海南。越南、老挝、柬埔寨、泰国、缅甸也有分布。

花和果均可供观赏，适用于盆栽、吊盆或地被美化。

美丽银背藤 Argyreia nervosa（Burm. f.）Boj.

木质藤本。花果期秋冬季。产于广东汕头、深圳及沿海岛屿。生于山坡、沟谷密林、疏林及灌丛中。分布于中国香港。印度、孟加拉国、印度尼西亚、马来西亚也有分布。

花大而美丽，适用于棚架、篱垣、花墙的装饰和美化。

▶**番薯属 Ipomoea** L.

厚藤 Ipomoea pes-caprae（L.）R. Br.

蔓生草本。几全年开花，尤以夏天为盛，果熟期夏秋季。产于广东南澳、陆丰、海丰、惠阳、深圳、东莞、新会、台山、阳江、湛江等地。生于海岸沙滩上及路边向阳处。分布于中国华南及台湾、福建、浙江。

适合作海滩固沙或覆盖植物，也可用于海滨公园的绿化造景。

252. 玄参科 Scrophulariaceae

▶**毛麝香属 Adenosma** R. Br.

毛麝香 Adenosma glutinosum（L.）Druce

直立草本。花果期 7～10 月。广东各地广布。常生于海拔 300～1 600 米的山坡、路旁疏林下湿润处。分布于中国华南及江西南部、福建、云南等地。南亚、东南亚及大洋洲也有分布。

花色鲜艳，适宜作花镜背景、花坛中心或切花。全草可供药用。

▶**石龙尾属 Limnophila** R. Br.

紫苏草 Limnophila aromatica（Lam.）Merr.

草本。花果期 3～9 月。产于广东乳源、阳山、翁源、连平、新丰、龙门、惠东、博罗、深圳、东莞、广州、台山、高要、郁南、阳春。生于旷野、塘边、湿地。分布于中国香港、海南、台湾、福建、江西等地。日本、南亚、东南亚及澳大利亚也有分布。

姿色幽雅，是良好的湿地观赏植物。全草药用，主治气郁、食滞、胸膈痞闷、脘腹疼痛、胎气不和。

中华石龙尾 Limnophila chinensis（Osb.）Merr.

草本。花果期 10 月至翌年 5 月。产于广东惠东、珠海、东莞、台山、高要、怀集、郁南、阳春、徐闻。生于低海拔的水旁或田边湿地。分布于中国华南及云南等地。南亚、东南亚及澳大利亚也有分布。

可作为湿地观赏植物。全草入药，有清热利尿、凉血解毒之功效，可治水肿、风疹、天疱疮、毒蛇、蜈蚣咬伤。

大叶石龙尾 Limnophila rugosa（Roth）Merr.

草本。花果期 8～11 月。产于广东乐昌、乳源、英德、翁源、龙门、从化、大埔、惠阳、博罗、广州、珠海、高要、新兴、罗定、阳春。生于水旁、山谷、草地。分布于中国香港、海南、台湾、福建、湖南、云南等地。日本、南亚、东南亚也有分布。

株形雅致，花冠紫红色或蓝色，宜作为湿地观赏植物或盆栽观赏。全草具浓郁的八角茴香气，可入药及提取精油，西双版纳傣族和基诺族民间常用香料植物。

石龙尾 Limnophila sessiliflora（Vahl）Blume

草本。花果期 7 月至翌年 1 月。产于广东乳源、英德、翁源、梅州、博罗、广州、高要、阳春。生于水塘、沼泽、水田或沟边湿处。分布于中国华南及福建、江西、浙江、江苏、安徽、湖南、河南、辽宁、贵州、云南、四川等地。朝鲜、日本、印度、尼泊尔、不丹、越南、马来西亚及印度尼西亚也有分布。

株形优雅，花冠紫蓝色或粉红色，宜盆栽观赏，或栽于水生园。

▶**泡桐属 Paulownia** Siebold et Zucc.

白花泡桐 Paulownia fortunei（Seem.）Hemsl.

乔木。花期 3～4 月，果期 7～8 月。广东大部分地区有产。生于海拔 100～1 200 米的山坡、林中、山谷及荒地。分布于中国华南及台湾、福建、江西、浙江、安徽、湖南、湖北、贵州、云南、四川等地。越南、老挝也有分布。

树干直，生长快，花冠白色，管状漏斗形，很适合作为园林行道树和景观树。

256. 苦苣苔科 Gesneriaceae

▶**唇柱苣苔属 Chirita** Buch. -Ham. ex D. Don

牛耳朵（爬面虎、岩青菜）**Chirita eburnea** Hance

多年生草本。花期 4～7 月，果期 5～9 月。产于广东乐昌、乳源、连州、阳山、英德、深圳、高要、阳春、封开。生于海拔 100～1 500 米的石灰岩山林中石上或林下沟边。分布于中国广西、贵州、湖南、四川、湖北。

可作为盆栽或假山观花植物，其特殊习性可用于特定地带的绿化。全草供药用，有清肺止咳等功效。

蚂蝗七 Chirita fimbrisepala Hand. -Mazz.

草本。花期 3～4 月，果期 5～7 月。产于广东乐昌、乳源、曲江、连南、英德、阳山、大埔、从化、东莞、阳春、封开、罗定、信宜。生于海拔 300～1 000 米的山地林中石上或石崖上、山谷溪边。分布于中国广西、福建、江西、湖南、贵州等地。

花色清雅怡人，是一种美丽的观花植物。根状茎可作药用，治小儿疳积、胃痛、跌打损伤。

▶**双片苣苔属 Didymostigma** W. T. Wang

双片苣苔 Didymostigma obtusum（Clarke）W. T. Wang

草本。花期 6～10 月。产于广东乐昌、曲江、英德、和平、新丰、龙门、紫金、惠阳、博罗、广宁、高要、德庆、封开。生于海拔 500～700 米的山谷林下或溪沟边阴处。分布于中国香港、福建。

花冠淡紫色或白色，可供观赏。

▶**马铃苣苔属 Oreocharis** Benth.

紫花马铃苣苔 Oreocharis argyreia Chun ex K. Y. Pan

草本。花期 7～9 月，果期 8～10 月。产于广东乳源、高要。生于海拔 500～1 100 米的山坡林下岩石上。分布于中国广西。

花蓝紫色，株形秀丽可供观赏。

长瓣马铃苣苔 Oreocharis auricula（S. Moore）Clarke

草本。花期 6～7 月，果期 8 月。产于广东乐昌、乳源、始兴、南雄、连州、阳山、连南、英德、连平、和平、惠阳、大埔、广州、广宁、阳春、信宜等地。生于山谷、沟边及林下潮湿岩石上。分布于中国广西、江西、湖南、贵州、四川等地。

植株供观赏。全草民间供药用，治跌打损伤等症。

▶**报春苣苔属 Primulina** Hance

报春苣苔 Primulina tabacum Hance

草本。花期 8～10 月。产于广东乐昌、连州、阳山等地。生于山地、山谷、疏林、石上。

花冠紫色，供观赏。国家二级重点保护野生植物。

257. 紫葳科 Bignoniaceae

▶**凌霄属 Campsis** Lour.

凌霄 Campsis grandiflora（Thunb.）Schum.

藤本。花期 5～8 月。产于广东乐昌、乳源、始兴、南雄、翁源、仁化、清远、和平、广州。生于山地、山谷、疏林或灌丛。分布于中国长江流域各地，以及广西、福建、河南、河北、山东、陕西等地。日本、越南、印度也有分布。

花朵优雅美丽，适用于花架、假山、墙垣等的垂直绿化。根可入药，治跌打损伤等症。

▶**菜豆树属 Radermachera** Zoll. et Moritzi

菜豆树 Radermachera sinica（Hance）Hemsl.

小乔木。花期 5～9 月，果期 10～12 月。产于广东乳源、连州、连南、阳山、英德、广州、高要、郁南、阳春。生于海拔 100～500 米的山谷或低地疏林中。分布于中国香港、广西、台湾、贵州、云南。不丹也有分布。

花、叶优美，蒴果细长，宜作庭荫树和行道树。根、叶、果入药，可凉血消肿，治发热、跌打损伤、毒蛇咬伤。

259. 爵床科 Acanthaceae

▶**假杜鹃属 Barleria** L.

假杜鹃 Barleria cristata L.

亚灌木。花期 11～12 月。产于广东清远、博罗、深圳、珠海、广州、东莞、南海、高要、徐闻等地。生于中低海拔的山坡、丘陵或疏林下阴处，也可生于干燥草坡或岩石中。分布于中国海南、广西、台湾、福建、四川、贵州、云南和西藏等地。亚洲东南部也有分布。

花色艳丽，适合用于绿篱、整形或盆栽。全草药用，有通筋活络、解毒消肿之功效。

▶**观音草属**（九头狮子草属）Peristrophe Nees

九头狮子草 Peristrophe japonica（Thunb.）Bremek.

草本。花期 7～10 月，果期 8～11 月。产于广东乐昌、始兴、乳源、和平、连平、怀集、阳春等地。生于海拔 300～900 米的山坡林下近水处。分布于中国广西、福建、江西、湖南、湖北、贵州等地。日本也有分布。

植株供观赏。全草入药，有发汗解表、清热解毒、镇痉之功效。

▶**灵枝草属** Rhinacanthus Nees

灵枝草（白鹤灵枝草）**Rhinacanthus nasutus**（L.）Kurz

草本或亚灌木。花期 10～12 月。产于广东广州、珠海、深圳、阳春等地。生于山地、山谷、旷野。分布于中国海南、云南等地。印度、菲律宾和中南半岛也有分布。

花形态特别，可供观赏。全草入药，有清肺止咳、利湿止痒之功效。

▶**马蓝属** Strobilanthes Blume

黄球花 Strobilanthes chinensis（Nees）J. R. I. Wood et Y. F. Deng［*Sericocalyx chinensis*（Nees）Bremek.］

草本。花期冬春季。产于广东广州、罗定、新兴、阳春、茂名等地。生于山地、山谷、林缘。分布于中国海南、广西。越南、老挝和柬埔寨也有分布。

可作为观花草本用于园林造景。

四子马蓝（黄猄草）**Strobilanthes tetrasperma**（Champ. ex Benth.）Druce

草本。花期秋季，果期秋冬季。产于广东乐昌、乳源、始兴、仁化、连州、连南、阳山、翁源、新丰、龙门、大埔、惠东、博罗、广州、东莞、珠海、台山、高要、怀集、封开等地。生于山谷林下、沟边阴处。分布于中国华南及福建、江西、湖南、湖北、四川等。越南也有分布。

可作为地被或丛植观赏植物栽于庭院。

▶**山牵牛属** Thunbergia Retz.

山牵牛（大花山牵牛、大花老鸦嘴）**Thunbergia grandiflora**（Rottl. ex Willd.）Roxb.

藤本。夏秋季开花。产于广东乐昌、阳山、英德、翁源、博罗、深圳、增城、广州、珠海、东莞、台山、高要、云浮、阳江、高州、徐闻等地。生于低海拔地区的疏林中。分布于中国广西、海南、福建。印度及中南半岛也有分布。

开花繁盛，花呈一串串下垂，可作为大型棚架及篱垣绿化观赏植物。

263. 马鞭草科 Verbenaceae

▶**紫珠属** Callicarpa L.

杜虹花 Callicarpa formosana Rolfe

灌木。花期 5～7 月，果期 8～11 月。产于广东海丰、博罗、深圳等地。生于海拔

1 590 米以下的平地、山坡和溪边的林中或灌丛中。分布于中国广西、江西、福建、台湾、浙江、云南。菲律宾也有分布。

可作为观花灌木用于园林造景。叶入药，有散瘀消肿、止血镇痛之功效。

广东紫珠 Callicarpa kwangtungensis Chun

灌木。花期 6～7 月，果期 8～10 月。产于广东乐昌、始兴、乳源、连州、连南、阳山、龙门、和平、深圳、高要、封开、郁南、阳春。生于海拔 300～600 米的山地路旁或灌丛中。分布于中国广西、福建、江西、湖南、贵州等地。

可作为观花灌木用于园林造景。

裸花紫珠 Callicarpa nudiflora Hook. et Arn.

小乔木。花期 6～8 月，果期 8～12 月。产于广东龙门、博罗、深圳、广州、珠海、东莞、台山、云浮、阳春、信宜、高州、徐闻等地。生于平地至海拔 1 200 米的山坡、沟谷边、林中溪旁或灌丛中。分布于中国华南地区。印度、越南、马来西亚、新加坡也有分布。

夏末至仲秋开紫红色或粉红色的花朵，色彩显目，适合栽于庭园观赏。叶药用，有止血止痛、散瘀消肿之功效。

红紫珠 Callicarpa rubella Lindl.

灌木。花期 5～7 月，果期 7～11 月。广东大部分地区有产。生于山坡、沟谷林中或灌丛中。分布于中国广西、安徽、浙江、江西、湖南、四川、贵州、云南。印度、中南半岛也有分布。

花色清雅，果序艳丽，株形优美，是一种良好的观花观果灌木。叶可作止血、接骨药。

▶ **大青属** Clerodendrum L.

重瓣臭茉莉 Clerodendrum chinense（Osbeck）Mabberley（*C. philippinum* Schauer）

灌木。产于广东始兴、翁源、饶平、博罗、从化、花都、深圳、台山、高要、云浮、阳江、信宜等地。分布于中国香港、广西、云南、福建和台湾。亚洲热带、毛里求斯和夏威夷等地有栽培或逸生。

花密集，雄蕊常变成花瓣而使花成重瓣，色彩缤纷，适合栽于庭院中供观赏。根可供药用，主治风湿。

臭茉莉 Clerodendrum chinense（Osbeck）Mabberley var. **simplex**（Moldenke）S. L. Chen（*C. philippinum* var. *simplex* Moldenke）

小灌木。花果期 5～11 月。产于粤西。生于中低海拔的山谷林中、路旁、溪边或旷野。分布于中国广西、云南、贵州。

枝繁叶茂，花团锦簇，宜丛植于庭院、疏林下或盆栽观赏。根、叶和花药用，有祛风活血、消肿降压之功效。

尖齿臭茉莉 Clerodendrum lindleyi Decne. ex Planch.

灌木。花果期 6～11 月。产于广东乐昌、始兴、乳源、连州、连南、连山、英德、阳山、连平、龙门、大埔、海丰、惠东、广州、封开、罗定、阳春、台山。生于村边、路旁、旷野和林缘。分布于中国广西、福建、江西、浙江、江苏、安徽、湖南、贵州、云南等地。

色彩鲜艳，可栽于庭园观赏。全株可作药用，治风湿骨痛、骨折等。

264. 唇形科 Labiatae

▶ **绣球防风属** Leucas R. Br.

疏毛白绒草 Leucas mollissima Wall. var. **chinensis** Benth.

草本。花期5～10月，果期10～11月。产于广东龙门、南澳、海丰、惠阳、深圳、台山、阳江等地。生于山坡、丘陵等干燥的向阳地。分布于中国华南及台湾、福建、湖南、湖北、贵州、云南、四川。

可丛植于庭院观赏或用于布置花坛、花境。全草入药，有驱寒发表之功效，外用又可以洗疮毒。

▶ **鼠尾草属** Salvia L.

南丹参 Salvia bowleyana Dunn

多年生草本。花期3～7月。产于广东乐昌、乳源、连州、英德、平远等地。生于海拔950米以下的山地、路边、林下或水边。分布于中国广西、湖南、江西、福建、浙江、湖北。

花色幽雅，株形优美，适用于花坛或成片栽植观赏。根入药，含丹参酮，为强壮性通经剂，有祛瘀、活血、调经等功效。

280. 鸭跖草科 Commelinaceae

▶ **聚花草属** Floscopa Lour.

聚花草 Floscopa scandens Lour.

草本。花期7～11月。广东大部分地区有产。生于海拔1 600米以下的溪谷边、河边、山沟边及林中。分布于中国南部至西南部。亚洲热带及大洋洲热带均有分布。

花瓣蓝色或紫色，观赏价值高，可作为地被植物用于湿地恢复和布置滩涂、水景。全草药用，有清热解毒、利尿消肿之功效。

289. 兰花蕉科 Lowiaceae

▶ **兰花蕉属** Orchidantha N. E. Br.

兰花蕉 Orchidantha chinensis T. L. Wu

多年生草本。花期3月。产于广东阳春、阳西、电白、信宜等地。生于山谷中、沟旁。分布于中国广西。

叶色翠绿，花形奇特，可用于布置花坛或花境。广东省重点保护野生植物。

290. 姜科 Zingiberaceae

▶ **山姜属** Alpinia Roxb.

花叶山姜 Alpinia pumila Hook. f.

多年生草本。花期4～6月，果期6～11月。产于广东英德、新丰、龙门、博罗、从化、高要、罗定、阳春、信宜等地。生于海拔 500～1 100 米的山坡低处、山谷阴湿处。分布于中国广西、湖南、云南，现长江以南多有栽培。

可观花、观叶，多丛植于墙隅、山石旁、溪流边。

密苞山姜 Alpinia stachyoides Hance（*A. densibracteata* T. L. Wu et Senjen）

草本。花果期 6～8 月。产于广东乐昌、仁化、翁源、连平、和平、龙门、紫金、大埔、惠阳、深圳、从化、阳春等地。生于山谷密林阴处。分布于中国香港、广西、江西、贵州、云南等省份。

花特别、淡雅，可供观赏。

艳山姜 Alpinia zerumbet（Pers.）B. L. Burtt et R. M. Sm.

草本。花期 4～6 月，果期 7～10 月。产于广东潮州、博罗、深圳、广州、新会、高要、高州等地。生于山地林下阴处。分布于中国香港、海南、台湾、浙江、四川等地。热带亚洲均有分布。

大型的总状花序洁白淡雅，为优良的耐阴植物，既可观花又可观叶。根茎和果实有健脾暖胃、燥湿散寒之功效。叶鞘作纤维原料。

▶ **大苞姜属 Caulokaempferia** K. Larsen

黄花大苞姜 Caulokaempferia coenobialis（Hance）K. Larsen

多年丛生草本。花期 4～7 月，果期 8～9 月。产于广东乳源、阳山、英德、连山、龙门、从化、高要等地。生于山地林下阴湿处。分布于中国广西。

株形较矮而整齐，花色艳丽，适合盆栽或园林阴湿处观赏。全草可治蛇伤。

▶ **闭鞘姜属 Costus** L.

闭鞘姜（白石笋、樟柳头）**Costus speciosus**（J. König）Smith

多年生宿根直立草本。花期 7～9 月，果期 9～11 月。产于广东始兴、仁化、英德、惠东、惠阳、博罗、深圳、广州、东莞、高要、台山、云浮、阳春、高州等地。生于海拔 50～1 600 米的疏林下、山谷阴湿地、路边等，或栽培。分布于中国华南、华东及西南地区。热带亚洲均有分布。

花色洁白，清雅秀丽，茎干挺立，为良好的耐阴观赏植物。根茎供药用，有消炎利尿、散瘀消肿之功效。

光叶闭鞘姜 Costus tonkinensis Gagnep.

草本。花期 7～8 月，果期 9～11 月。产于广东高要、阳春、茂名等地。生于低海拔的林荫下。分布于中国海南、广西、云南等省份。越南也有分布。

株形高大，花秀丽清雅，宜丛植于林边、庭园或盆栽观赏。根茎利尿消肿，可治肝硬化腹水、尿路感染、肌肉肿痛、肾炎水肿、无名肿毒。

▶ **姜黄属 Curcuma** L.

郁金 Curcuma aromatica Salisb.

多年生宿根草本。花期 4～6 月。产于广东乳源、英德、连南、连平、惠东、惠阳、博罗、深圳、广州、东莞、高要、阳春。栽培或野生于林下、沟边。分布于中国东南部至西南部各省份。东南亚各地均有分布。

花冠管漏斗形，花色艳丽，是盆栽和切花的好材料，也可栽植于庭院内。块根是中药材郁金基源植物之一，有行气解郁、破瘀、止痛之功效；块茎是中药材姜黄的商品来源之一，供药用，能行气破瘀、通经止痛。

姜黄 Curcuma longa L.

多年生草本。花期8月。广东新丰、博罗、广州、阳春、茂名等地有逸生或栽培。喜生于低海拔的坡地、平地向阳处。分布于中国海南、广西、台湾、福建、江西、云南、四川等地。东南亚广泛栽培。

植株优美，花色黄艳，宜盆栽或庭园小路边栽植。块茎是中药材姜黄的商品来源之一，供药用，能行气破瘀、通经止痛。

▶**姜花属 Hedychium** J. König

姜花 Hedychium coronarium J. König

草本。花期8～12月。广东梅州、深圳、广州、高要等地有栽培或为野生。分布于中国华南及湖南、台湾、云南、四川等地。印度、越南、马来西亚至澳大利亚也有分布。

花色洁白高雅，株形优美，适合庭园美化，也可用于插花。根茎可入药，有解表、散风寒之功效。

▶**姜属 Zingiber** Boehm.

珊瑚姜 Zingiber corallinum Hance

草本。花期5～8月，果期8～10月。产于广东英德、翁源、紫金、惠东、博罗、深圳、广州、东莞、封开、阳江、茂名等地。生于密林或疏林林下阴湿处。分布于中国华南地区。

花可供观赏。根茎入药，可治感冒、咳嗽、腰痛、腹泻等症。

293. 百合科 Liliaceae

▶**大百合属 Cardiocrinum**（Endl.）Lindl.

荞麦大百合 Cardiocrinum cathayanum（E. H. Wilson）Stearn

草本。花期7～8月，果期8～9月。产于广东乐昌。生于山谷、林中阴湿处。分布于中国浙江、江西、湖南、江苏和安徽等地。

花序与叶大型，花色清雅，可栽于阴湿林下或庭院供观赏。蒴果供药用。

大百合 Cardiocrinum giganteum（Wall.）Makino

草本。花期6～7月，果期9～10月。产于广东乳源、乐昌。生于山谷林下。分布于中国广西、湖南、四川、西藏、陕西等地。印度、尼泊尔、不丹也有分布。

花大而美丽，适合园林观赏。鳞茎供药用。

▶**万寿竹属 Disporum** Salisb.

万寿竹 Disporum cantoniense（Lour.）Merr.

多年生草本。花期5～7月，果期8～10月。产于广东乐昌、乳源、连州、阳山、英德、五华、广州、肇庆等地。生于灌丛中、林缘或林下。分布于中国广西、台湾、福建、安徽、湖北、湖南、贵州、云南、四川、陕西和西藏。不丹、尼泊尔、印度和泰国也有分布。

株形优美，花色雅丽，可作耐阴花境材料。根状茎供药用，有益气补肾、润肺止咳之功效。

▶**萱草属 Hemerocallis** L.

黄花菜 Hemerocallis citrina Baroni

草本。花果期5～9月。产于广东仁化、乳源、阳山、连平、封开、阳春、信宜等地。生于山坡、山谷、荒地或林缘。分布于中国秦岭以南各省份以及河北、山西和山东。

具有很高的观赏价值，是布置庭院、树丛中的草地或花境等地的好材料，也可作切花。花可作为保健蔬菜食用。

萱草 Hemerocallis fulva（L.）L.

多年生宿根草本。花期6～8月，果期8～9月。广东大部分地区有产。生于山谷中潮湿地方。分布于中国南部地区。欧洲南部及日本也有分布。

花大色艳，花期长，为优良庭院花卉。本种园艺多倍体品种种类繁多。

▶**百合属 Lilium** L.

野百合 Lilium brownii F. E. Brown ex Miellez

多年生草本。花期5～6月，果期9～10月。广东大部分地区有产。生于山坡、灌木林下、路边或溪旁。分布于中国香港、广西、福建、江西、浙江、安徽、湖南、湖北、河南、陕西、甘肃、贵州、云南、四川。

花姿花色千娇百媚，品种繁多，为切花的高级材料。鳞茎含丰富淀粉，可食，亦作药用。

295. 延龄草科 Trilliaceae

▶**重楼属 Paris** L.

七叶一枝花 Paris polyphylla Sm.

多年生宿根草本。花期4～7月，果期8～11月。产于广东乐昌、始兴、连山、蕉岭、广州、罗定、阳春等地。生于山坡林下阴湿处。分布于中国广西、四川、贵州、云南、西藏等地。印度、不丹、尼泊尔和越南也有分布。

花、果及叶均具有较高的观赏价值，可植于庭园阴湿处或盆栽供室内观赏。国家二级重点保护野生植物。

华重楼 Paris polyphylla Sm. var. **chinensis**（Franch.）Hara

草本。花期5～7月，果期8～10月。产于广东乐昌、和平、大埔、深圳、广宁、阳春等地。生于林下或沟谷边阴处。分布于中国香港、广西、台湾、福建、江西、浙江、江苏、湖南、湖北、贵州、云南、四川。不丹、印度、尼泊尔和越南也有分布。

根茎可作药用，有清热解毒、消肿止疼、息风定惊、平喘止咳等功效。国家二级重点保护野生植物。

306. 石蒜科 Amaryllidaceae

▶文殊兰属 Crinum L.

文殊兰 Crinum asiaticum L. var. **sinicum**（Roxb. ex Herb.）Baker

多年生草本。花期夏季。产于广东仁化、清远、龙门、博罗、深圳、东莞、广州、中山、怀集、封开、阳江、茂名等地。生于海滨地区或河旁沙地。分布于中国华南及台湾、福建等地。

花白色，芳香馥郁，花形奇特，具较高的观赏价值。叶与鳞茎药用，有活血散瘀、消肿止痛之功效。

▶石蒜属 Lycoris Herb.

忽地笑 Lycoris aurea（L'Her.）Herb.

多年生球根花卉。花期 8～9 月，果期 10 月。产于广东连州、乳源、和平、新丰、惠阳、从化、高要、云浮等地。生于阴湿山坡。分布于中国广西、湖南、福建、台湾、湖北、四川、云南。日本、缅甸也有分布。

花朵美丽，宜作疏林地被，或配植于花境、山石旁。鳞茎可入药，用于提取加兰他敏，治疗小儿麻痹后遗症。

石蒜 Lycoris radiata（L'Her.）Herb.

多年生草本花卉。花期 8 月底，果期 9～10 月。产于广东乐昌、始兴、仁化、阳山、龙门、广州等地。生于阴湿山坡和溪沟边的石缝处。分布于中国香港、广西、福建、江西、安徽、江苏、浙江、湖南、湖北、河南、山东、陕西、贵州、云南、四川。日本也有分布。

夏、秋红花艳丽，用于地被、缀花草地、阴湿处花境。鳞茎含有多种生物碱，可作药用，有解毒、祛痰、利尿、催吐、杀虫等功效。

307. 鸢尾科 Iridaceae

▶鸢尾属 Iris L.

蝴蝶花（日本鸢尾）**Iris japonica** Thunb.

多年生草本。花期 3～4 月，果期 5～6 月。产于广东乐昌、乳源、仁化、曲江、英德、饶平等地。生于山坡湿润的草地、疏林下或林缘草地。分布于中国华南、华中、华东及西南各地。日本也有分布。

花姿端丽，色彩素雅，适于庭院阴处种植或盆栽。民间草药，用于清热解毒、消瘀逐水。

小花鸢尾（亮紫鸢尾）**Iris speculatrix** Hance

多年生草本。花期 5～6 月，果期 7～8 月。产于广东乐昌、始兴、乳源、平远、蕉岭、博罗等地。生于潮湿草地、林下。分布于中国华南、华中、西南各省份。

株形和花色均美，可栽植于水湿畦地、池边湖畔、石间路旁供观赏。

鸢尾 Iris tectorum Maxim.

草本。花期 4～5 月，果期 6～8 月。产于广东乐昌、乳源、连南、广州、云浮等地。生于向阳坡地、林缘及水边湿地。分布于中国广西、福建、江西、浙江、安徽、江苏、湖南、湖北、山西、甘肃、陕西、贵州、云南、四川、西藏。日本也有分布。

花色丰富，花形奇特，是花坛及庭院绿化的良好材料。根状茎可作药用，治关节炎、跌打损伤等。

323. 水玉簪科 Burmanniaceae

▶**水玉簪属** Burmannia L.

水玉簪 Burmannia disticha L.

一年生稍粗壮草本。花期夏季。产于广东曲江、饶平、惠阳、南海、阳春等地。生于林中潮湿地上。分布于中国广西、海南、福建、湖南、贵州、云南等地。亚洲热带地区及大洋洲均有分布。

花序特别，色彩美丽，盆栽或栽植于溪边、水旁供观赏。

326. 兰科 Orchidaceae

▶**开唇兰属** Anoectochilus Blume

金线兰（花叶开唇兰）**Anoectochilus roxburghii**（Wall.）Lindl.

草本。花期 8～11 月。产于广东乐昌、曲江、英德、翁源、新丰、龙门、惠东、博罗、深圳、高要、郁南、阳春等地。生于山坡林下、沟谷阴湿处或石上。分布于中国海南、广西、福建、江西、浙江、湖南、云南、四川、西藏东南部。日本、泰国、老挝、越南、印度、不丹至尼泊尔、孟加拉国也有分布。

叶片有斑纹，小巧雅致，可供栽培观赏。全草民间作药用，可清热凉血、祛风利湿，主治腰膝痹痛、肾炎、支气管炎，以及吐血、血尿和小儿惊风等症。在中国民间，普遍认为金线兰对现代"三高"病症有疗效。国家二级重点保护野生植物。

▶**虾脊兰属** Calanthe R. Br.

密花虾脊兰 Calanthe densiflora Lindl.

草本。花期 8～9 月，果期 10 月。产于广东博罗、惠东、新会、封开、阳春、信宜等地。生于混交林下和山谷溪边。分布于中国广西、海南、台湾、云南、四川和西藏。不丹、印度和越南也有分布。

花色有白、玫瑰红、蓝、紫等多种，可作盆栽观赏或露地栽培，也可作切花。

钩距虾脊兰 Calanthe graciliflora Hayata

草本。花期 3～5 月。产于广东乐昌、始兴、乳源、仁化、曲江、翁源、从化、东莞、龙门、博罗、怀集、封开、高要、德庆、罗定、阳春、信宜。生于海拔 600～1 500 米的山谷溪边、林下等阴湿处。分布于中国华南及湖南、江西、台湾、浙江、安徽、湖北、四川、贵州和云南等地。

叶片宽大，花朵姿态优雅，适宜丛植于园林中、林下潮湿地供观赏。

乐昌虾脊兰 Calanthe lechangensis Z. H. Tei et T. Tang

草本。花期 3～4 月。产于广东乐昌、乳源。生于山谷林下阴湿处、溪沟边。

株形优美，花色淡雅，宜盆栽观赏或栽于庭园中的荫蔽处。

三褶虾脊兰 Calanthe triplicata（Willem.）Ames

草本。花期 4～5 月。产于广东乐昌、乳源、翁源、深圳、东莞、台山、信宜等地。生于常绿阔叶林下、溪沟边。分布于中国香港、广西、海南、台湾、福建、云南。日本、菲律宾、越南、马来西亚、印度尼西亚、印度、澳大利亚等地也有分布。

总状花序具花数朵，洁白如雪，颇具观赏价值。

▶ **隔距兰属** Cleisostoma Blume

大序隔距兰 Cleisostoma paniculatum（Ker Gawl.）Garay

附生草本。花期 5～9 月。产于广东乐昌、始兴、乳源、曲江、翁源、连山、英德、大埔、博罗等地。生于海拔 200～1 500 米的林中树干上或沟谷林下岩石上。分布于中国香港、海南、广西、台湾、福建、江西、贵州、云南、四川。泰国、越南、印度东北部也有分布。

花序长，形态独特，具有较高的观赏价值。

广东隔距兰 Cleisostoma simondii（Gagnep.）Seidenf. var. **guangdongense** Z. H. Tsi

附生草本。花期 9 月。产于广东博罗、深圳等地。生于海拔 500～600 米的林中树干上或林下岩石上。分布于中国香港、海南、福建。

花、叶形态特别雅致，适栽于假山或庭园的湖石上。

▶ **贝母兰属** Coelogyne Lindl.

流苏贝母兰 Coelogyne fimbriata Lindl.

附生草本。花期 8～10 月，果期翌年 4～8 月。产于广东乐昌、乳源、始兴、连南、英德、翁源、连平、新丰、龙门、大埔、惠阳、博罗、增城、深圳、东莞、高要、怀集、封开、阳春、信宜。生于海拔 500～1 200 米的溪谷岩石上、林中或林缘树干上。分布于中国香港、海南、广西、江西、云南、西藏。越南、老挝、柬埔寨、泰国、马来西亚和印度也有分布。

花洁白或鹅黄色，风韵高雅，适用于园林疏林下培植盆景、假山等。

▶ **兰属** Cymbidium Sw.

建兰 Cymbidium ensifolium（L.）Sw.

草本。花期常为 6～10 月，但有时整年有开花，有时开 2～3 次，故有四季兰之称。广东大部分地区有产。生于海拔 200～1 500 米的疏林下、山谷旁、草丛中或灌丛中。分布于中国华南及江西、湖南、福建、台湾、浙江、安徽、四川、贵州、云南。日本、菲律宾、越南、柬埔寨、缅甸、泰国、马来西亚、印度尼西亚、印度也有分布。

株形美观，开花时节更是香气怡人，可置于居室厅堂或园林庭院。国家二级重点保护野生植物。

多花兰 Cymbidium floribundum Lindl.

附生草本。花期 4～8 月。产于广东乐昌、乳源、连州、连南、阳山、龙门、蕉岭、博罗、从化、高要、罗定、阳春、信宜。生于海拔 100～1 400 米的林中树上、溪谷岩石上或岩壁上。分布于中国广西、江西、湖南、福建、台湾、浙江、湖北、四川、贵州、云南。

株形美观，花色美丽，宜盆栽观赏。国家二级重点保护野生植物。

寒兰 Cymbidium kanran Makino

地生草本。花期 8～12 月。产于广东乐昌、曲江、乳源、连州、英德、翁源、新丰、博罗、广州、信宜、茂名等地。生于海拔 400～1 500 米的林下、溪谷旁或稍荫蔽、湿润处。分布于中国长江以南各省份。朝鲜半岛南端至日本南部也有分布。

花馨香幽远，适合盆栽观赏。国家二级重点保护野生植物。

▶ **石斛属** Dendrobium Sw.

密花石斛 Dendrobium densiflorum Lindl.

草本。花期 4～5 月。产于广东乐昌、新丰、龙门等地。生于海拔 420～1 000 米的林中树干上或溪谷边岩石上。分布于中国华南及西藏。尼泊尔、不丹、印度东北部、缅甸、泰国也有分布。

花朵娇艳美丽，盛开时，犹如串串金黄色花球缀满茎端，颇为壮观，观赏价值极高。国家二级重点保护野生植物。

聚石斛 Dendrobium lindleyi Stendel

草本。花期 4～5 月。产于广东英德、博罗、阳江、恩平、信宜等地。生于海拔 800～1 000 米的疏林中树干上。分布于中国海南、香港、广西、贵州。不丹、印度、缅甸、泰国、老挝、越南也有分布。国家二级重点保护野生植物。

美花石斛 Dendrobium loddigesii Rolfe

草本。花期 4～5 月。产于广东连州、连山、龙门、博罗、广州、高要、阳春、信宜等地。生于山地林中树干上或林下岩石上。分布于中国香港、海南、广西、贵州、云南。老挝、越南也有分布。

观赏价值极高，花姿优雅，玲珑可爱，既可作切花，也可盆栽观赏。国家二级重点保护野生植物。

细茎石斛（广东石斛）**Dendrobium moniliforme**（L.）Sw.（*D. wilsonii* Rolfe）

附生草本。花期 3～5 月。产于广东乐昌、翁源、阳山、英德、阳江、信宜等地。生于海拔 1 000～1 300 米的山地阔叶林中树干上或林下岩石上。分布于中国广西、湖南、福建、湖北、四川、贵州、云南等地。印度东北部、朝鲜半岛南部、日本也有分布。

花大洁白，清雅美丽，具极高的观赏价值。国家二级重点保护野生植物。

▶ **美冠兰属** Eulophia R. Br. ex Lindl.

黄花美冠兰 Eulophia flava（Lindl.）Hook. f.

多年生地生草本。花期 4～6 月。产于广东广州、台山等地。生于溪边岩石缝中或开旷草坡。分布于中国香港、海南、广西。尼泊尔、印度、缅甸、越南、泰国也有分布。

花大、色彩绚丽，观赏价值极高。

美冠兰 Eulophia graminea Lindl.

草本。花期 4～5 月，果期 5～6 月。产于广东龙门、深圳、东莞、阳春等地。生于海拔 50～500 米的疏林草地、山坡阳处或海边沙滩林中。分布于中国华南及台湾、安徽、贵州和云南。尼泊尔、印度、斯里兰卡、越南、老挝、缅甸、泰国、马来西亚、新加坡、印度尼西亚均有分布。

株形和花具有较高的观赏价值。

▶ **斑叶兰属 Goodyera R. Br.**

高斑叶兰 Goodyera procera（Ker Gawl.）Hook.

草本。花期 4～5 月。产于广东始兴、连山、阳山、英德、龙门、蕉岭、惠东、博罗、深圳、东莞、广州、高要、封开、云浮、阳春、信宜、高州。生于海拔 250～600 米的林下、沟边。分布于中国华南、西南等地。印度、斯里兰卡、越南、马来西亚等国也有分布。

花小而密集，白色而带淡绿色，芳香怡人，宜盆栽供观赏。全草在民间作药用。

斑叶兰 Goodyera schlechtendaliana Rchb. f.

草本。花期 8～10 月。产于广东乐昌、乳源、和平、梅州等地。生于海拔 700 米左右的山坡或沟谷林下。分布于中国华南、华中、西南及山西、陕西、甘肃。不丹、朝鲜半岛南部、尼泊尔、日本、泰国、印度、印度尼西亚、越南也有分布。

叶面具有白色斑纹，花形美丽，适用于小型盆栽。全草民间作药用。

▶ **玉凤花属 Habenaria Willd.**

鹅毛玉凤花 Habenaria dentata（Sw.）Schltr

草本。花期 8～10 月。产于广东乳源、仁化、翁源、蕉岭、大埔、惠东、深圳、东莞、珠海、高要、云浮、阳春。生于海拔 150～1 200 米的山坡林下或沟边湿处。分布于中国长江以南各省份。尼泊尔、印度、缅甸、越南、老挝、泰国、柬埔寨、日本也有分布。

花色洁白，花序顶生，盛开时宛如白蝴蝶飞舞，极具观赏价值。块茎可作药用，有利尿消肿、壮腰补肾之功效。

橙黄玉凤花 Habenaria rhodocheila Hance

地生草本。花期 7～8 月，果期 10～11 月。广东大部分地区有产。生于海拔 200～900 米的山坡、沟谷林下或岩石上覆土中。分布于中国长江以南各省份。东南亚也有分布。

花形奇特，为优良盆栽花卉或作岩石园配置植物。

▶ **兜兰属 Paphiopedilum Pfitzer**

紫纹兜兰 Paphiopedilum purpuratum（Lindl.）Stein

地生草本。花期 10 月至翌年 1 月。产于广东龙门、博罗、紫金、深圳、阳春、阳西、电白等地。生于海拔 800 米以下的林下多石、阴湿之地，或溪谷旁苔藓砾石丛生处。分布于中国香港、广西南部和云南东南部。越南也有分布。

花色艳丽，花形可爱，宜盆栽供观赏。国家一级重点保护野生植物。

▶**鹤顶兰属** Phaius Lour.

黄花鹤顶兰 Phaius flavus（Blume）Lindl.（*P. maculatus* Lindl.）

地生草本。花期 4～10 月。粤北、粤东和粤西有产。生于海拔 300～1 500 米的山坡林下阴湿处。分布于中国华南、西南及台湾、福建、湖南。印度东北部、日本、中南半岛也有分布。

鹤顶兰 Phaius tancarvilleae（L'Hér.）Blume

大型地生草本。花期 3～6 月。产于广东仁化、翁源、新丰、连州、连山、龙门、蕉岭、饶平、惠东、博罗、深圳、东莞、阳春、信宜等地。生于海拔 350～1 500 米的林缘、沟谷或溪边阴湿处。分布于中国华南及台湾、福建、云南和西藏。亚洲热带和亚热带地区以及大洋洲均有分布。

花大而美丽，可栽于较阴湿的岩石园、花坛、池边等供观赏。

▶**独蒜兰属** Pleione D. Don

独蒜兰 Pleione bulbocodioides（Franch.）Rolfe

地上或石上附生草本。花期 4～6 月。产于广东乐昌、连州、连山等地。生于海拔 900～1 200 米的常绿阔叶林下、灌木林缘腐殖质丰富处或苔藓覆盖的岩石上。分布于中国广西、湖南、湖北、安徽、陕西、甘肃、贵州、云南、四川、西藏。

花色艳丽，为珍稀花卉，宜盆栽或片植于园圃。

主要参考文献

陈封怀，1987—1991. 广东植物志：1-2卷 [M]. 广州：广东科技出版社.

陈红锋，邢福武，曾庆文，等，2010. 东莞园林植物 [M]. 武汉：华中科技大学出版社.

陈建设，曹丽敏，粟新政，等，2019. 广西龙胜红瑶传统药用植物的民族植物学知识 [J]. 广西植物，39 (3)：375-385.

董玉琛，2001. 作物种质资源学科的发展和展望 [J]. 中国工程科学，3 (1)：1-5.

范芝兰，潘大建，陈雨，等，2017. 广东普通野生稻调查、收集与保护建议 [J]. 植物遗传资源学报，18 (2)：372-379.

方嘉禾，常汝镇，2007. 中国作物及其野生近缘植物·经济作物卷 [M]. 北京：中国农业出版社.

郭盛，禾璐，贾苏卿，等，2018. 农作物种质资源保护和开发利用存在的问题及对策 [J]. 中国种业 (4)：41-43.

国家药典委员会，2015. 中华人民共和国药典（2015年版）[M]. 北京：中国医药科技出版社.

侯振平，郑霞，陈青，等，2021. 金荞麦的营养价值、提取物生物活性及其在动物生产中的应用 [J]. 动物营养学报，33 (6)：3019-3027.

蒋尤泉，董玉琛，刘旭，等，2007. 中国作物及其野生近缘植物·饲用及绿肥作物卷 [M]. 北京：中国农业出版社.

焦彬，顾荣申，张学上，等，1986. 中国绿肥 [M]. 北京：农业出版社.

刘孟军，1998. 中国野生果树 [M]. 北京：中国农业出版社.

刘旭，董玉琛，1998. 中国农用植物多样性与农业可持续发展 [C] // 面向21世纪的中国生物多样性保护——第三届全国生物多样性保护与持续利用研讨会论文集. 昆明：中国科学院生物多样性委员会.

刘旭，郑殿升，董玉琛，等，2008. 中国农作物及其野生近缘植物多样性研究进展 [J]. 植物遗传资源学报，9 (4)：411-416.

刘旭，李立会，黎裕，等，2018. 作物种质资源研究回顾与发展趋势 [J]. 农学学报，8 (1)：1-6.

刘旭，杨庆文，方嘉禾，等，2013. 中国作物及其野生近缘植物·名录卷 [M]. 北京：中国农业出版社.

卢新雄，辛霞，尹广鹍，等，2019. 中国作物种质资源安全保存理论与实践 [J]. 植物遗传资源学报，20 (1)：1-10.

罗卓雅，李华，吴垠，等，2018. 广东省中药材标准（第三册）[M]. 广州：广东科技出版社.

马德风，梁诗魁，1993. 中国蜜粉源植物及其利用 [M]. 北京：农业出版社.

欧连花，2016. 海南农业野生植物资源法律保护初探 [J]. 南阳理工学院学报，8 (1)：38-41.

彭少麟，廖文波，李贞，等，2011. 广东丹霞山动植物资源综合科学考察 [M]. 北京：科学出版社.

《全国中草药汇编》编写组，1975—1976. 全国中草药汇编：上、下册 [M]. 北京：人民卫生出版社.

唐昆，2006. 国家重点保护的农业野生植物名录（第一批）[J]. 湖南农业 (5)：15.

王成汉，2012. 景东县农业野生植物资源调查与保护 [J]. 云南农业科技 (S1)：213-214.

王发国，陈振明，陈红锋，等，2013. 南岭国家级自然保护区植物区系与植被 [M]. 武汉：华中科技大学出版社.

王发国，周宏，龚粤宁，等，2021. 韶关珍稀濒危植物［M］. 北京：中国林业出版社.

王瑞江，曹洪麟，陈炳辉，等，2017. 广东维管植物多样性编目［M］. 广州：广东科技出版社.

王瑞江，王刚涛，梁晓东，等，2019. 广东重点保护野生植物［M］. 广州：广东科技出版社.

吴柔贤，徐恒恒，高家东，等，2020. 广东省农作物种质资源调查与分析［J］. 广东农业科学，47（9）：
 1 - 11.

邢福武，曾庆文，陈红锋，等，2009. 中国景观植物：上、下册［M］. 武汉：华中科技大学出版社.

邢福武，陈红锋，王发国，等，2011. 南岭植物物种多样性编目［M］. 武汉：华中科技大学出版社.

徐田俊，2007. 毛叶茶的生物学特征及其制茶品质特点［J］. 中国茶叶，29（1）：28.

徐晔春，崔晓东，张应扬，等，2017. 南昆山野生观赏花卉［M］. 北京：中国林业出版社.

严成其，赵硕，吕嘉城，等，2020. 疣粒野生稻体细胞杂交后代 Y73 快繁技术［J］. 浙江农业科学，61
 （12）：2518 - 2519，2522.

杨爱莲，1996. 国家重点保护野生植物名录（农业部分）通过专家论证［J］. 草业科学，13（4）：
 68 - 73.

杨庆文，秦文斌，张万霞，等，2013. 中国农业野生植物原生境保护实践与未来研究方向［J］. 植物遗
 传资源学报，14（1）：1 - 7.

杨雅云，张敦宇，陈玲，等，2019. 云南药用野生稻对四种水稻主要病害的抗性鉴定［J］. 植物病理学
 报，49（1）：101 - 112.

叶华谷，曾飞燕，叶育石，等，2013. 华南药用植物［M］. 武汉：华中科技大学出版社.

叶华谷，彭少麟，陈海山，等，2006. 广东植物多样性编目［M］. 广州：广东世界图书出版公司.

袁翠平，沈波，董英山，2009. 中国大豆抗（耐）胞囊线虫病品种及其系谱分析［J］. 大豆科学，28（9）：
 1049 - 1053.

曾继吾，姜波，吴波，等，2014. 野生'龙门香橙'的植物学特征观察及起源研究［J］. 中国农业科学，
 47（2）：334 - 343.

曾庆文，邢福武，王发国，等，2013. 南岭珍稀植物［M］. 武汉：华中科技大学出版社.

张德咏，2022. 袁隆平与杂交水稻科技创新［J］. 杂交水稻，37（S1）：234 - 235.

张学锋，罗岳雄，梁正之，2004. 广东蜜源概况及蜜蜂授粉现状［J］. 中国养蜂，55（1）：13 - 14.

郑殿升，杨庆文，2004. 中国的农业野生植物原生境保护区（点）建设［J］. 植物遗传资源学报，5
 （4）：386 - 388.

郑殿升，杨庆文，刘旭，2011. 中国作物种质资源多样性［J］. 植物遗传资源学报，12（4）：497 - 500.

中国科学院中国植物志编辑委员会，1959—2004. 中国植物志：1 - 80 卷［M］. 北京：科学出版社.

周琳洁，曾宪锋，张寿洲，等，2010. 华南乡土树种与应用［M］. 北京：中国建筑工业出版社.

Brummitt R K，Powell C E，1992. Authors of plant names［M］. London：Royal Botanic Gardens，Kew.

Wu C Y，Raven P H，Hong D Y，1988—2013. Flora of China. vols：1 - 25［M］. Beijing：Science
 Press.

Yu J H，Zhang R，Liu Q L，et al.，2022. *Ceratopteris chunii* and *Ceratopteris chingii*（Pteridaceae），two
 new diploid species from China，based on morphological，cytological，and molecular data［J］. Plant
 Diversity，44：300 - 307.

附图　代表性农业野生植物
蕨类植物

中华桫椤 Alsophila costularis

笔筒树 Sphaeropteris lepifera

焕镛水蕨 Ceratopteris chunii

中华双扇蕨 Dipteris chinensis

裸子植物

三尖杉 Cephalotaxus fortunei

篦子三尖杉 Cephalotaxus oliveri

罗汉松 Podocarpus macrophyllus

南方红豆杉 Taxus wallichiana var. mairei

南方红豆杉 Taxus wallichiana var. mairei

被子植物

凹叶厚朴 **Houpoëa officinalis** subsp. **biloba**

厚叶木莲 **Manglietia pachyphylla**

广东含笑 **Michelia guangdongensis**　　　乐东拟单性木兰 **Parakmeria lotungensis**

观光木 Tsoongiodendron odorum

沉水樟 Cinnamomum micranthum

樟 Cinnamomum camphora

山苍子 Litsea cubeba

短萼黄连 Coptis chinensis var. brevisepala

莼菜 Brasenia schreberi

八角莲 Dysosma versipellis

草珊瑚 Sarcandra glabra

马齿苋 Portulaca oleracea

金荞麦 Fagopyrum dibotrys

何首乌 Fallopia multiflora

白木香 Aquilaria sinensis

罗汉果 Siraitia grosvenorii

阳春秋海棠 Begonia coptidifolia

普洱茶（野茶树）Camellia sinensis var. assamica

七叶一枝花 Paris polyphylla

杜鹃红山茶 Camellia azalea

绞股蓝 Gynostemma pentaphyllum

大苞白山茶 Camellia granthamiana

中华猕猴桃 **Actinidia chinensis**

金花猕猴桃 **Actinidia chrysantha**

阔叶猕猴桃 **Actinidia latifolia**

虎颜花 **Tigridiopalma magnifica**

常山 Dichroa febrifuga　　　　野大豆 Glycine soja

花榈木 Ormosia henryi

四药门花 Loropetalum subcordatum　　　岭南山竹子 Garcinia oblongifolia

吊皮锥 Castanopsis kawakamii

白桂木 **Artocarpus hypargyreus**

舌柱麻 **Archiboehmeria atrata**

龙门香橙 **Citrus 'Longmen Xiangcheng'**

齿叶黄皮 **Clausena dunniana**

假黄皮 Clausena excavata

山橘 Fortunella hindsii

珊瑚菜 Glehnia littoralis

罗浮柿 Diospyros morrisiana　　　　长穗桑 Morus wittiorum